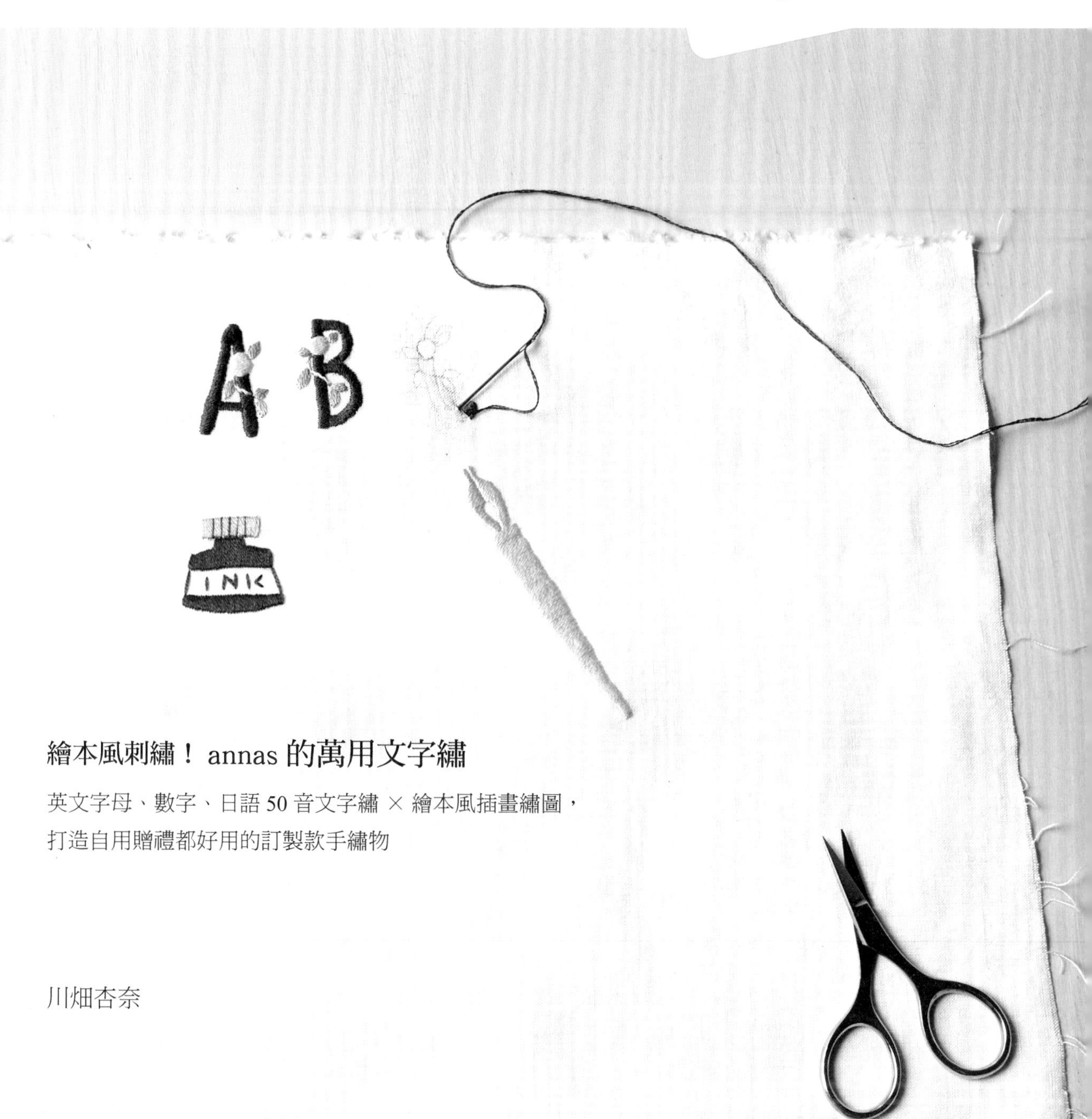

繪本風刺繡！ annas 的萬用文字繡

英文字母、數字、日語 50 音文字繡 × 繪本風插畫繡圖，
打造自用贈禮都好用的訂製款手繡物

川畑杏奈

I wish your happiness

前言

終於完成了這本以文字為主角，並有豐富圖案的刺繡書。不論是用來繡名字或作為贈禮，若大家能覺得內容方便好用，我會非常地開心！

annas 川畑杏奈

用「文字」與「刺繡」所設計出的「刺繡信箋」。覺得對方收到用刺繡寫的信時說不定會很驚喜，所以便試做了出來。

Message Tag

吊牌標籤 ▶page69

Bon appêtit

請享用 ▸page69

從便當盒內收到寫著隻字片語的卡片雖然很貼心，但常會陷入卡片該不該丟的掙扎中。既然如此乾脆用繡的吧！於是便構思出了繡有文字訊息的便當包巾。

Summer Greetings

問候卡 ▸page54

Merry Christmas

聖誕卡 ▶page55

Contents

各種字體

世界上有各式各樣的設計字體，但如果有為刺繡的人所設計的字體，相信會既溫暖又有趣，且最能享受到刺繡的樂趣吧！於是，便以這樣的心情為出發點開始設計字體。

Fonts // 1

Alice // 愛麗絲字體 ▸ page56~60

Tote Bag // 托特包 ▸page61

Alice // 愛麗絲字體 ▸ page56~60

Brooch /// 胸針 ▶page61

Northern Europe // 北歐字體 ▶ page62~66

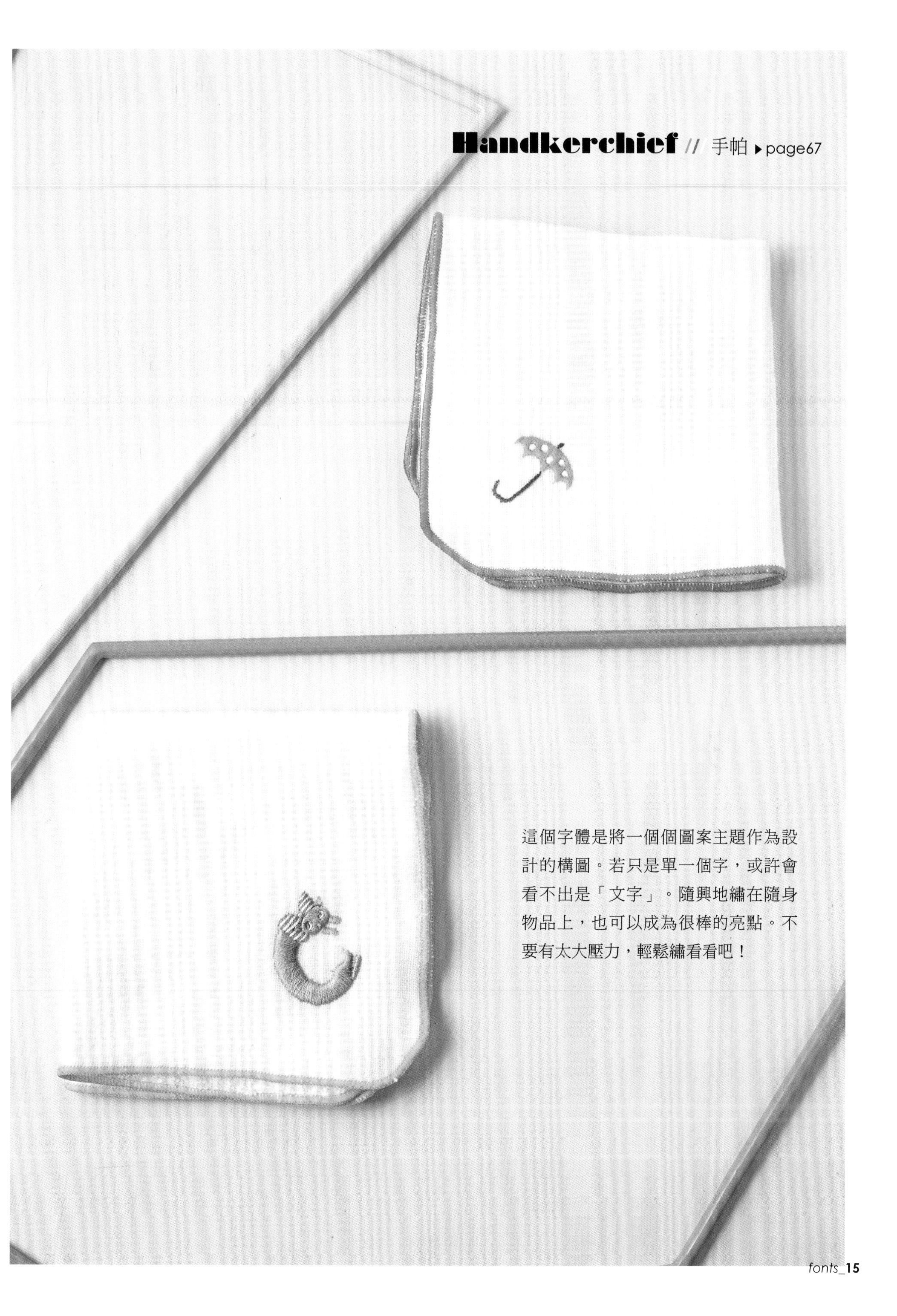

Handkerchief // 手帕 ▸page67

這個字體是將一個個圖案主題作為設計的構圖。若只是單一個字，或許會看不出是「文字」。隨興地繡在隨身物品上，也可以成為很棒的亮點。不要有太大壓力，輕鬆繡看看吧！

Northern Europe /// 北歐字體 ▸ page62~66

Baby's // 帽子與包臀衣 ▸page67

在簡單樣式的嬰兒服上稍微下點工夫，就成了富巧思的禮物。繡線的顏色可自由選擇，享受獨創的配色樂趣。

Citrus // 柑橘字體 ▸page70

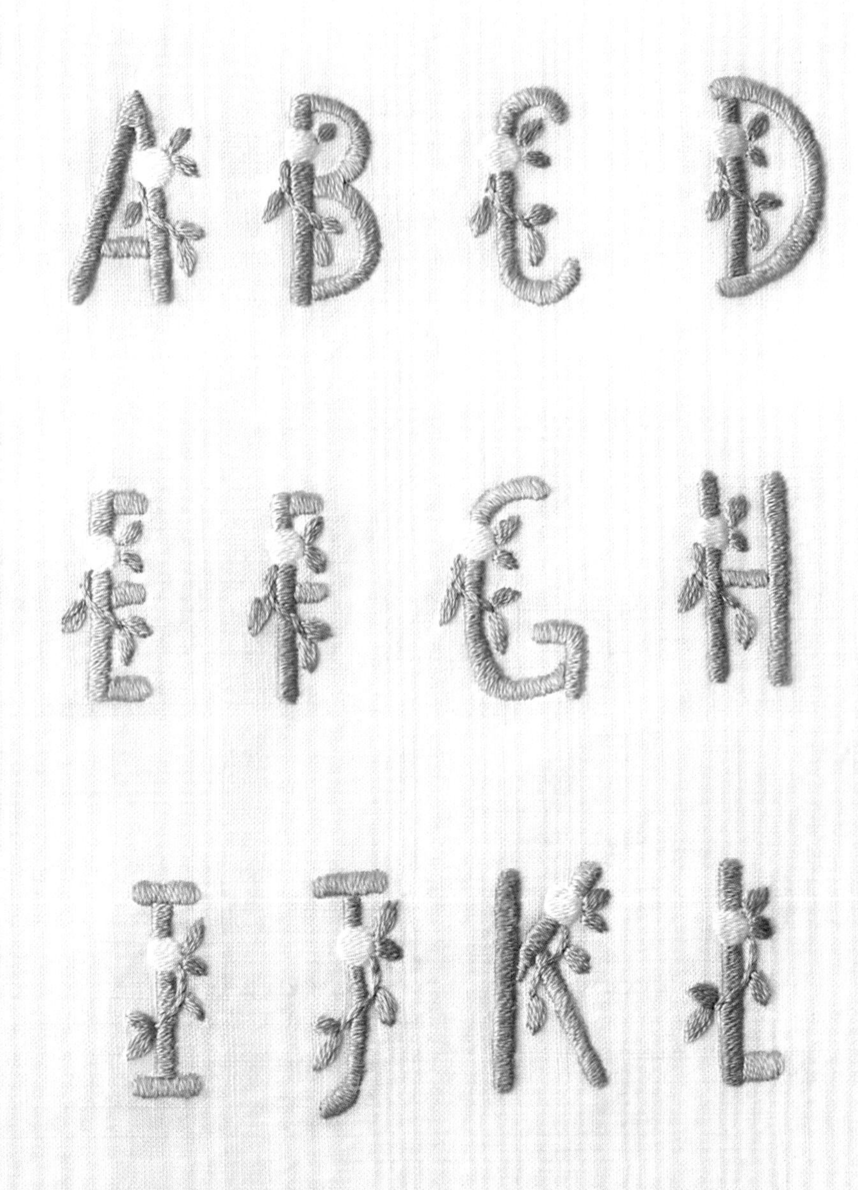

柑橘字體 ▶page71

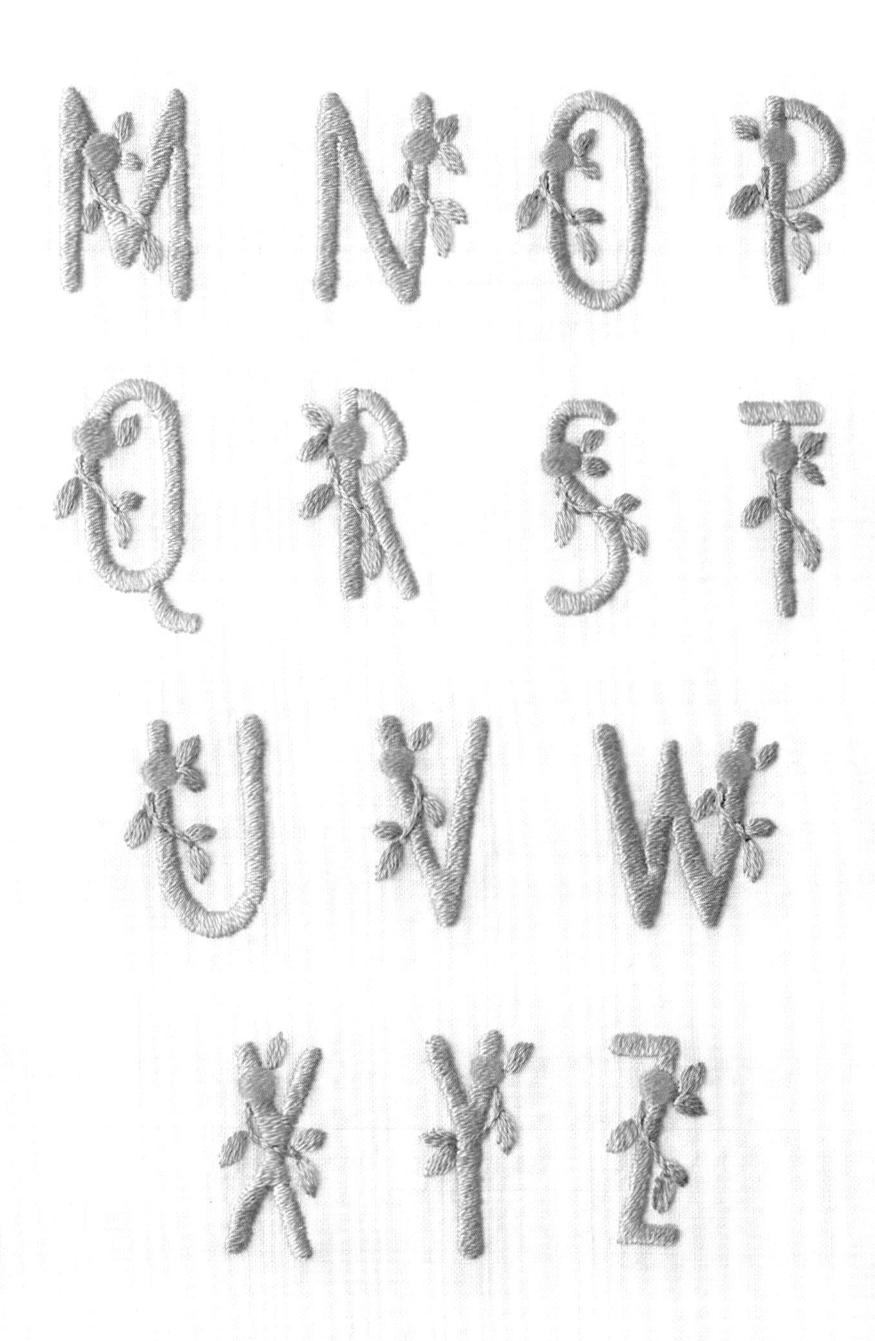

Simple Lower case letters // 簡單字體 小寫 ▸page72

Number & Minimum // 數字 & 最小字體 ▸page73

通常一旦開始設計，就會忍不住將文字裝飾得更豐富，但此款刻意化繁為簡，說不定會是最常被使用的字體……於是追加了這款字體圖案。

Butterfly // 蝴蝶字體 ▸page74

蝴蝶字體 ▶ page74

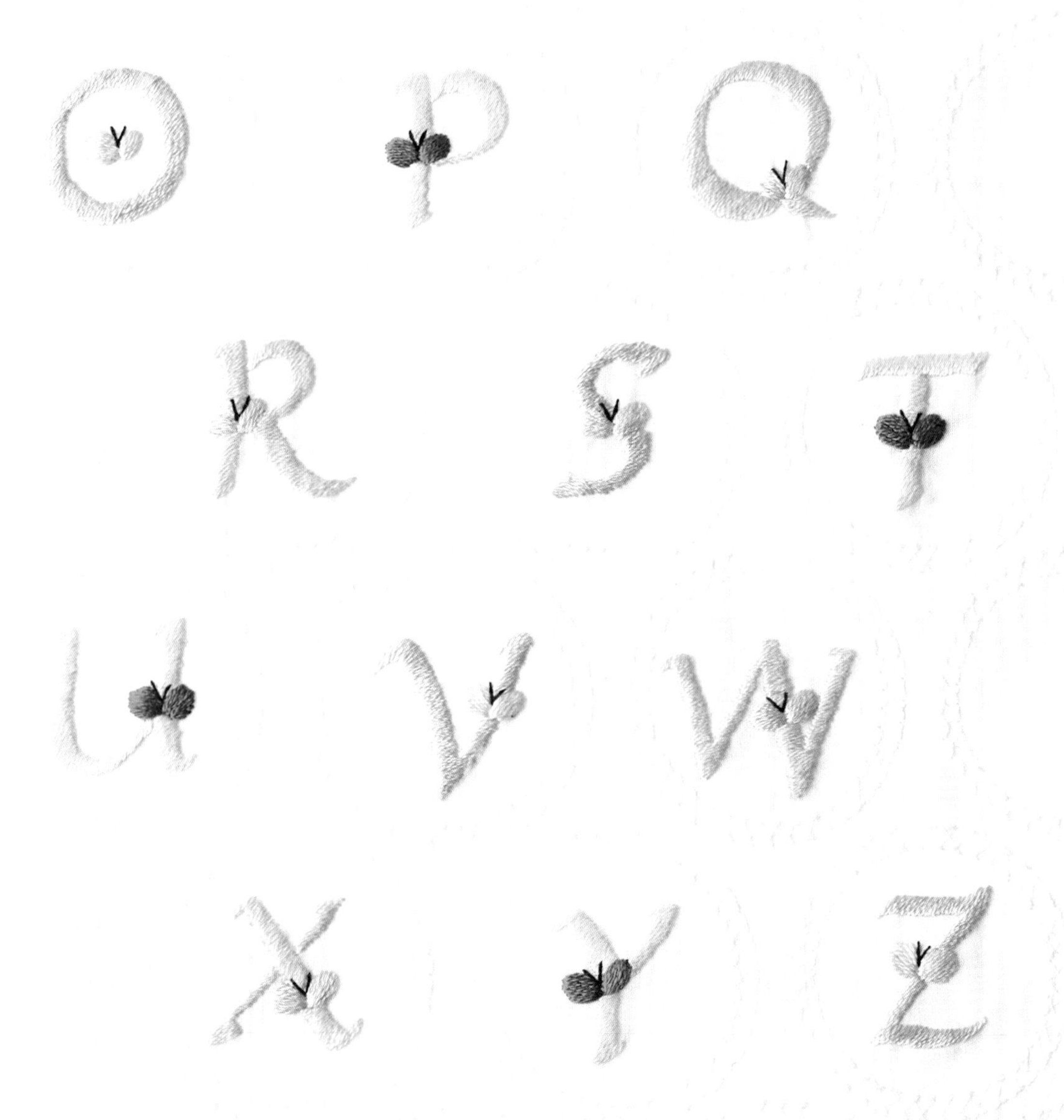

Simple Hiragana / 簡單字體 平假名

▶page76

あ
えいお
う

か
けきこ
く

さ
せしそ
す

た
てちと
つ

な
ねにの
ぬ

は
へひほ
ふ

ま
めみも
む

や
ゆ
よ

ら
れりろ
る

わ
を
ん

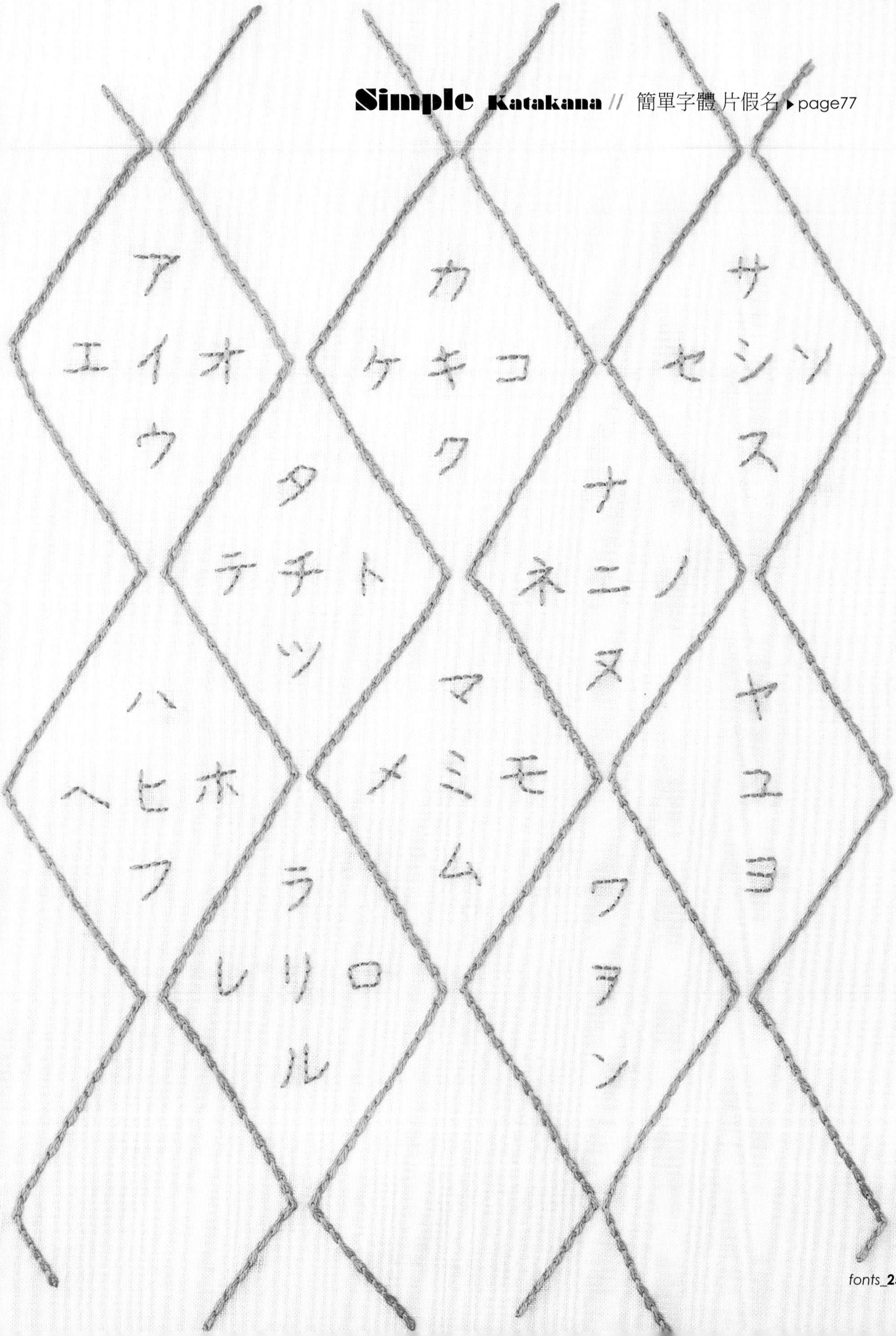

Simple Katakana // 簡單字體 片假名 ▸page77

ア
エイオ
ウ

カ
ケキコ
ク

サ
セシソ
ス

タ
テチト
ツ

ナ
ネニノ
ヌ

ハ
ヘヒホ
フ

マ
メミモ
ム

ヤ
ユ
ヨ

ラ
レリロ
ル

ワ
ヲ
ン

Bags ///

上學用・便當袋 ▶page74

Bags // 上學用・鞋袋 ▶page74

名字旁邊的重點裝飾是將愛麗絲字體「E」的一部分（p.10），以及婚禮祝福板的蝴蝶（p.40）、小美人魚的魚（p.36）等元素抽出來使用。只要有一個圖案做為記號，即使還不會讀名字的幼童也容易辨識。

Dress pin // 待針字體 ▸page78,79

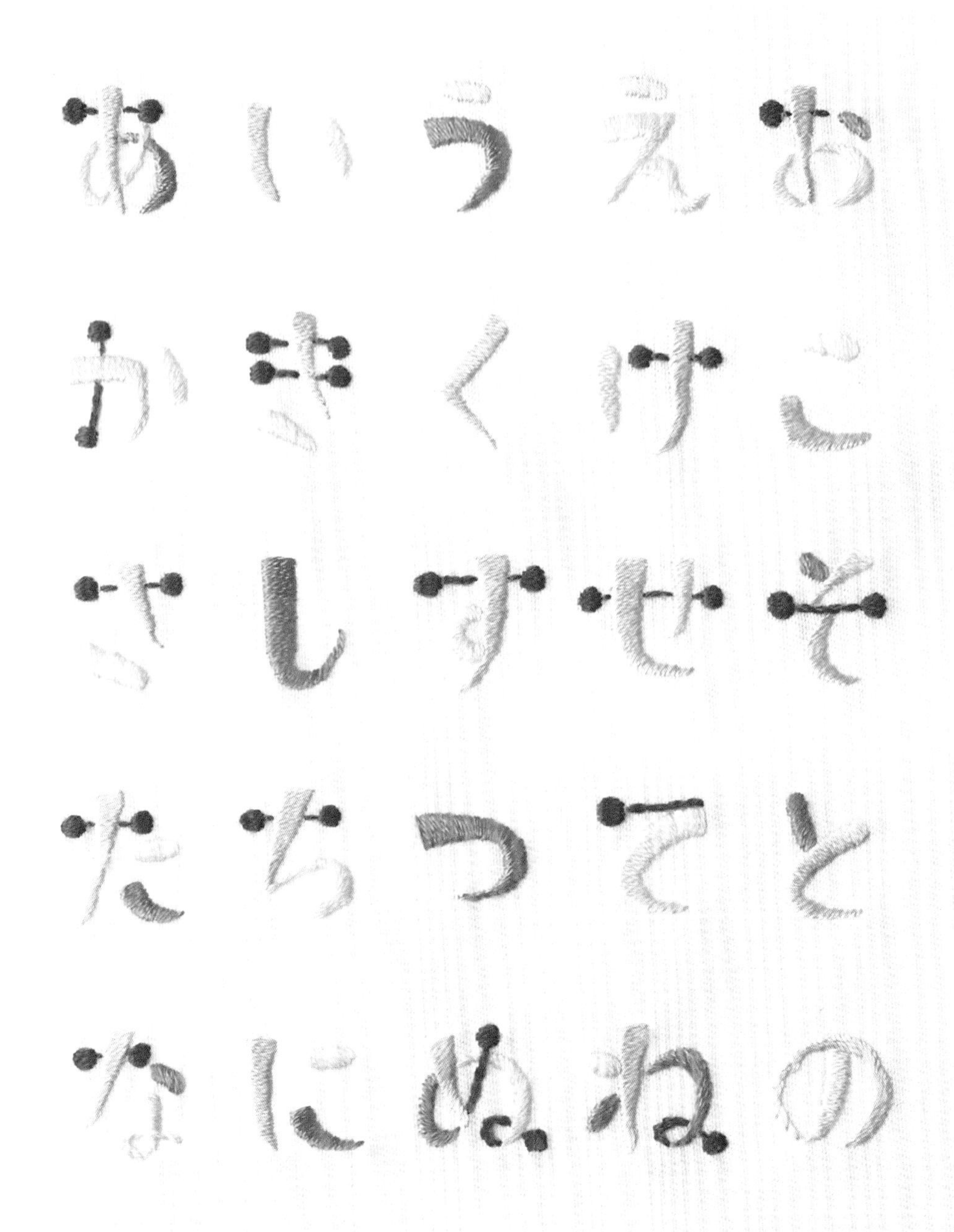

待針字體 ▶ page78,79

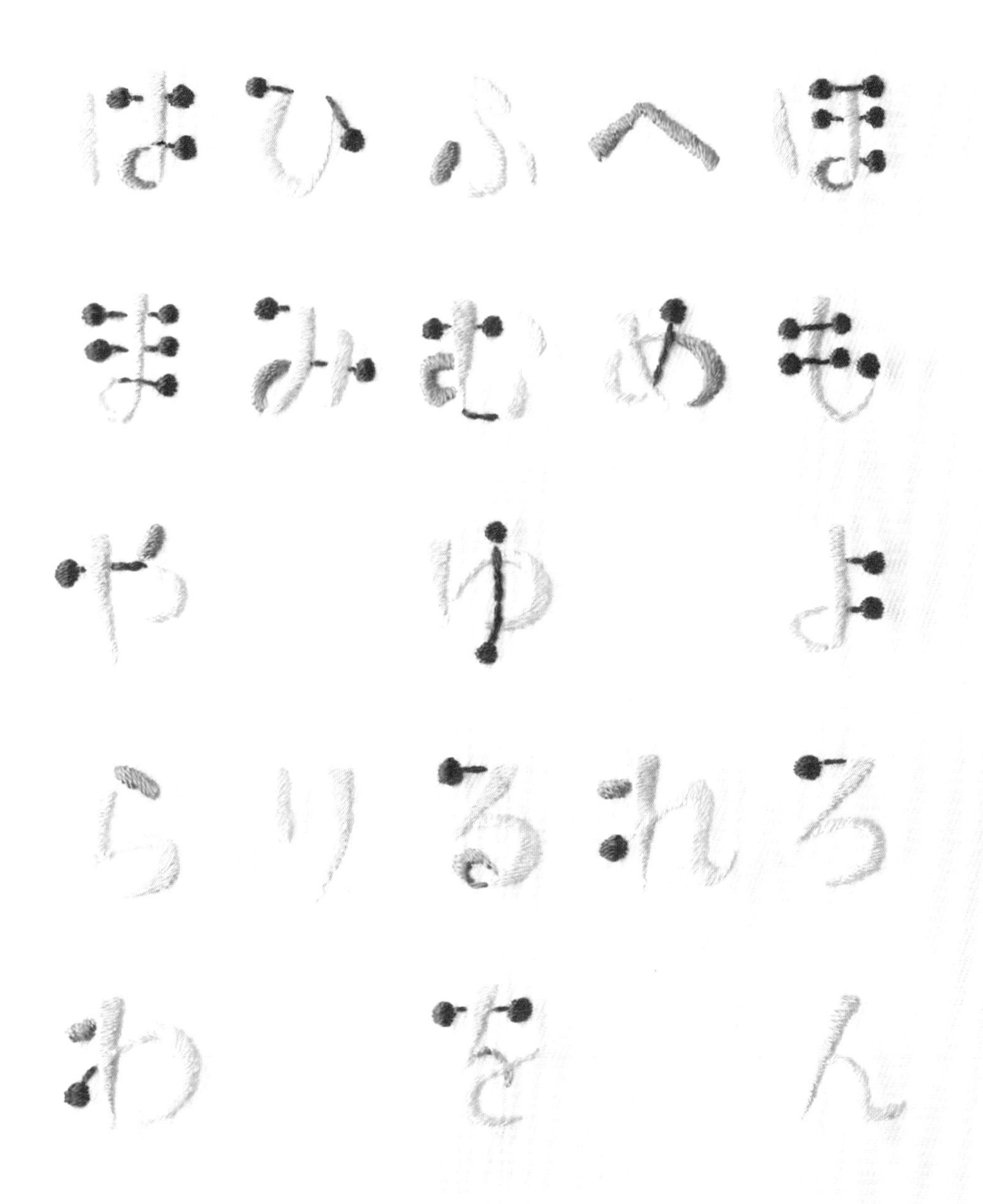

Garland /// 花環 ▸page79

文字與故事

將童話的場景做為圖案很常見，但這次是以「文字」為主角的書，所以是加入文字後的設計。由於是想像著做為繪本的封面或電影的小冊子，所以設計起來很開心。習慣一字一字刺繡的人，請務必挑戰看看。

Thumbelina // 拇指公主 ▸ page80

Red Shoes / 紅舞鞋

▸page80,81

Hansel and Gretel // 糖果屋 ▸ page82, 83

 ▶page83

Little Mermaid // 小美人魚 ▸page84,85

Cinderella // 灰姑娘 ▸page86

填字的方法

本書出現了各式各樣的文字。

以下以紀念板（p.42）為例，介紹如何使用這些文字，將自己喜歡的話語和名字繡出來。

▶ page90

1. 把描圖紙放在圖案上，在想繡入名字的位置約略畫出底線。

2. 沿底線，將名字的第一個字與最後一個字描在描圖紙上。接著再寫正中央的字，最後寫兩端與中央之間的字。用這樣的順序就能均等地描繪圖案。

3. 描完文字後，將周圍的圖案也描繪完畢。最後將圖案用鐵筆轉印在布上，即可開始刺繡。

祝福的話

結婚、生產、新年、父親節、母親節……。在特別的日子裡，用花時間製作的刺繡禮物來祝賀對方，加上一句祝福或感謝的心意，就成了為好日子而繡的刺繡圖案。

Wedding Board // 婚禮祝福板 ▸page88,89

提到婚禮佈置，一定會放有歡迎或祝賀意義的婚禮佈告板。在我的刺繡教室中，也有很多人選擇這個品項做為結婚賀禮。是忙於準備婚禮的新人若收到時，會非常開心的禮物。

Ring Pillow /// 戒枕 ▸page86,87

Memorial Board /// 紀念板 ▸page90

繡上小寶寶的出生日期、身長與體重，並加以裝飾的紀念板。飽含了希望孩子平安長大的心願。

Thank You // 感謝 ▸page91

Welcome Board // 歡迎光臨 ▸ page92

Happy New Year // 新年快樂 ▶page93

刺繡的基礎

基本的工具

A .....消失筆
當轉印的圖案太淡時，可用來補強線條。於本書使用的是用水即可消除的消失筆。

B .....轉印用鐵筆
使用複寫紙將圖案轉印在布上時使用，也可用已無墨水的原子筆等代替。

C .....繡框
為方便刺繡，用來將布拉平的工具框。
推薦直徑8cm～10cm的繡框，較易使用。

D .....複寫紙（單面）
可將圖案轉印在布上。
本書中是使用可水消的類型。

E .....刺繡針與待針
使用法國刺繡針。
配合繡線的股數多寡選擇尺寸對應的針。

F .....線剪
用於剪斷繡線。前端是尖的，所以很容易使用。

G 25號繡線
本書使用的是COSMO（Lecien系列）。
剪下約60cm的長度來使用。

基本的事前準備

圖案的轉印

1. 將複寫紙的印面朝下放在布上，再將圖案放在複寫紙上，用鐵筆描繪。

2. 若複寫出的圖案看起來太淺，可用水消筆直接在布上再描一遍。

開始刺繡

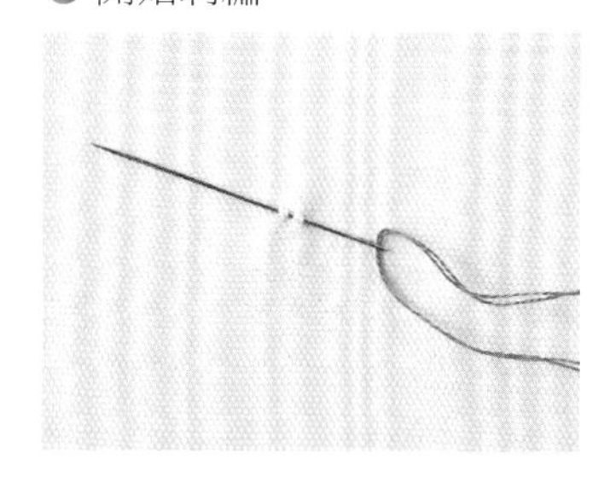

1. 從正面插入圖案的中央，以平針縫一次縫兩個針目（一入一出為一針目）。

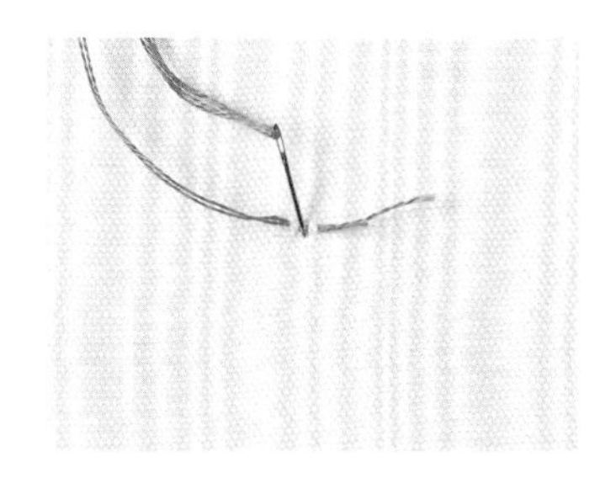

2. 把線拉至線頭剩下約2cm長後，把針插回第一個針目處（如此一來線就會纏住固定，而不脫落）。

3. 將正面的線頭剪短。從上方繡緞面繡時，就會看不見線頭。

結束刺繡

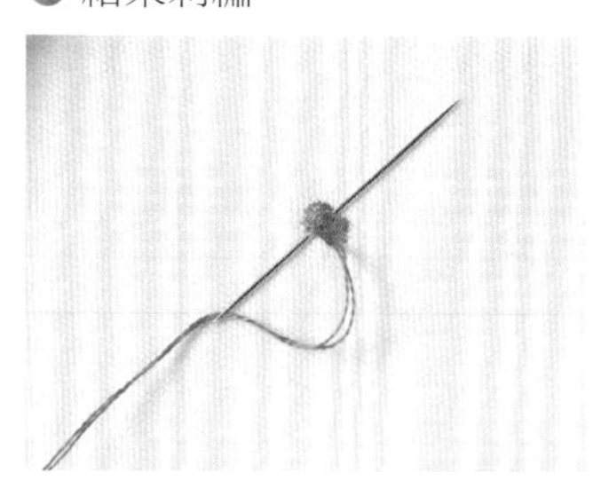

將繡線繞過背面的繡面兩次後，剪線。

基本的繡法

▲ 直針繡

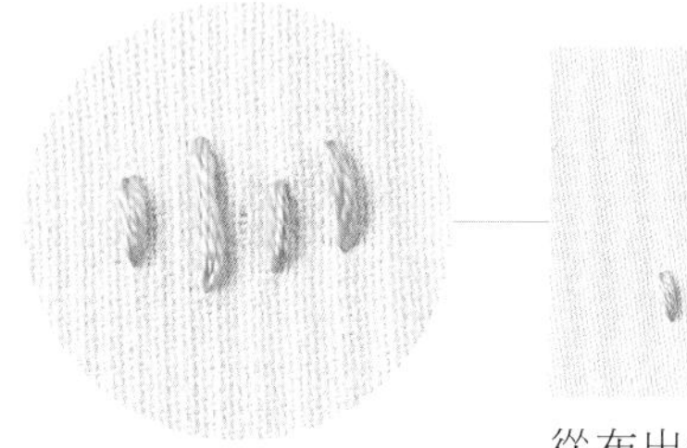

從布出針，在預設的位置筆直地入針。

▲ 回針繡

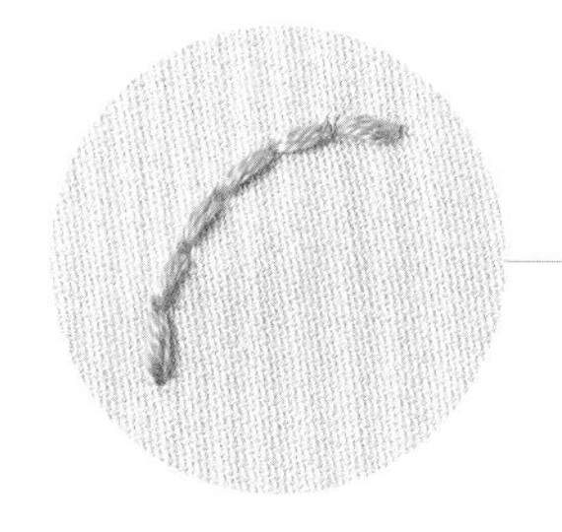

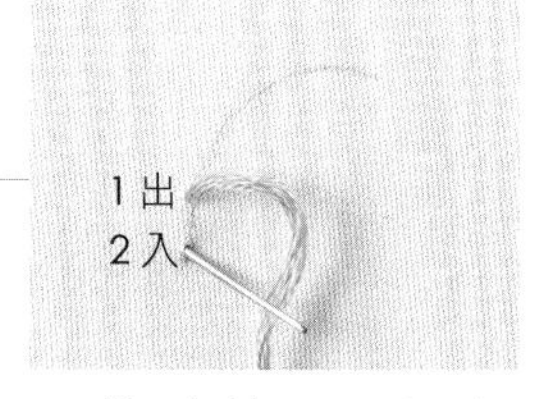

1. 從1出針，再返回插入2。

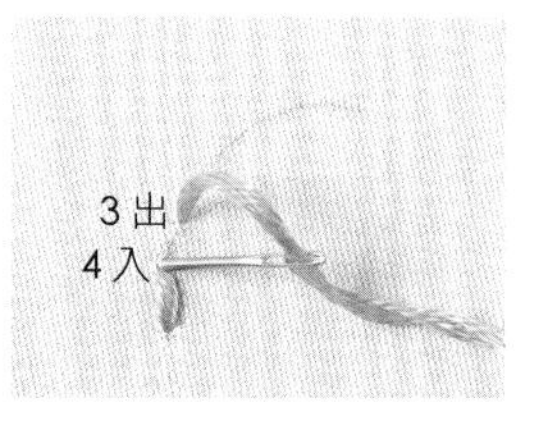

2. 從3出針，再返回插入4（與1同樣的洞）。重覆運針。

▲ 輪廓繡

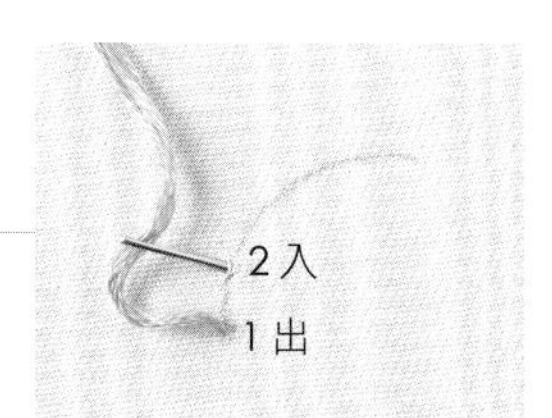

1. 從1出針，插入2。

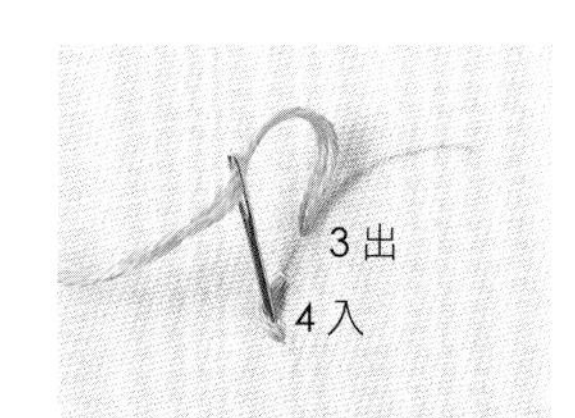

2. 從3出針，緊鄰插入1與2的中央處4，注意勿戳到線以免讓線分岔。

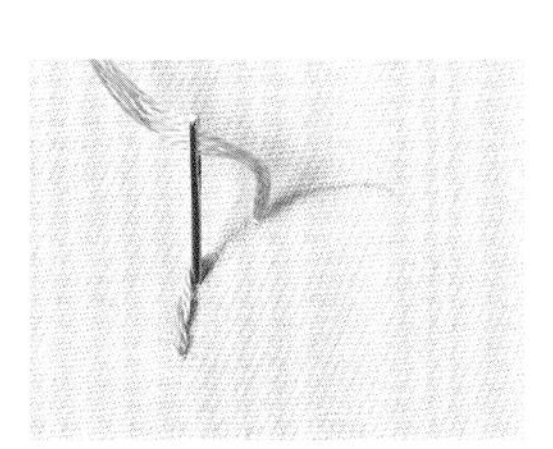

3. 重覆運針，完成的狀態像繩子般為佳。

▲ 緞面繡

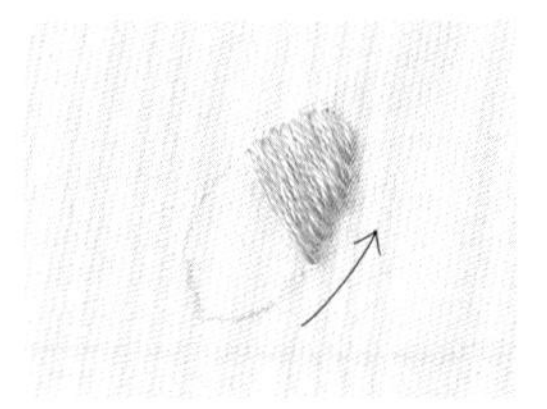

1. 在欲填滿處的正中央，繡入做為基準線的1針。

2. 先將半邊繡滿至端點。

3. 繡滿另一半邊。

▲ 長短針繡

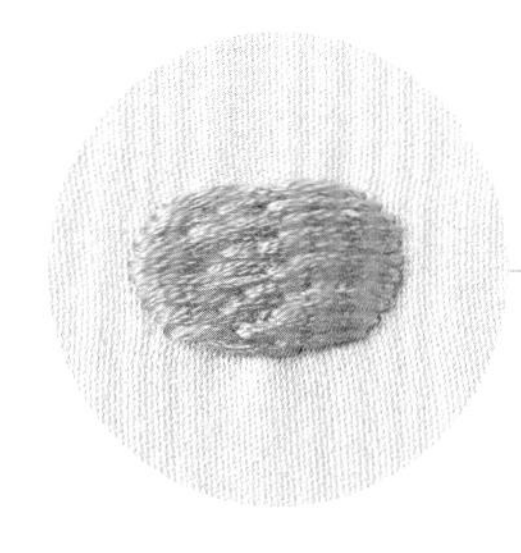

1. 在正中央繡入做為基準線的1針。

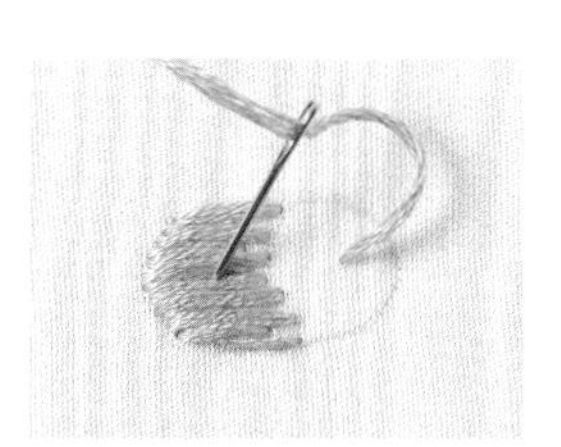

2. 輪流以長針與短針往相同方向繡，填塞完畢後稍微在前端出針，再插入繡面之間，避免讓線之間產生縫隙。

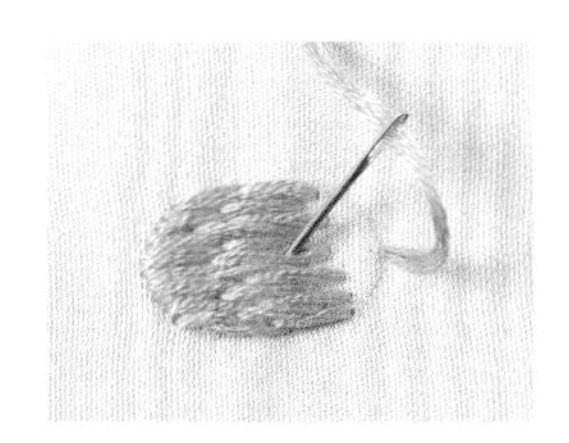

3. 將縫隙繡滿。

▲ 鎖鍊繡

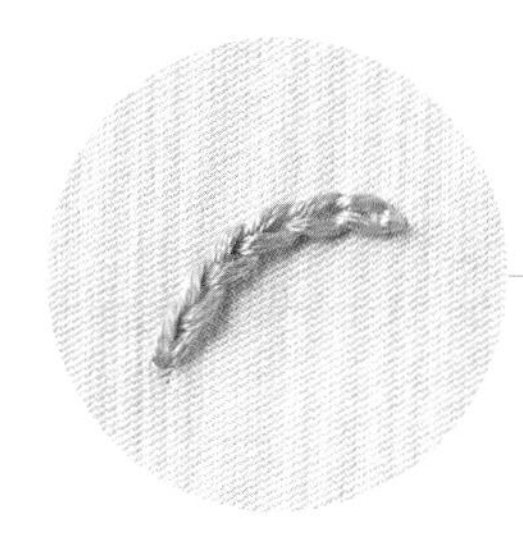

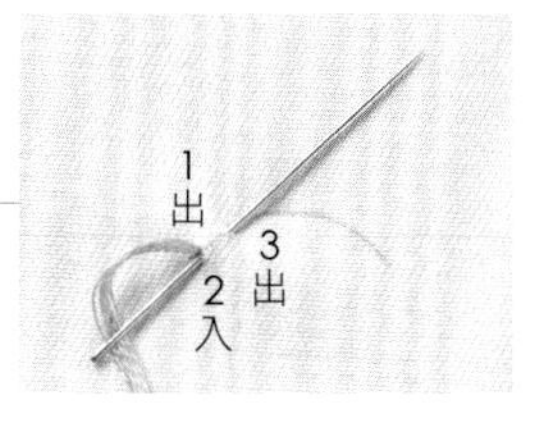

1. 如圖穿好針的位置。

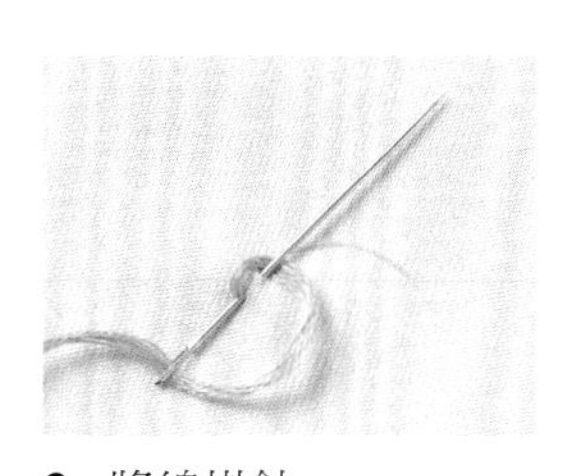

2. 將線掛針。

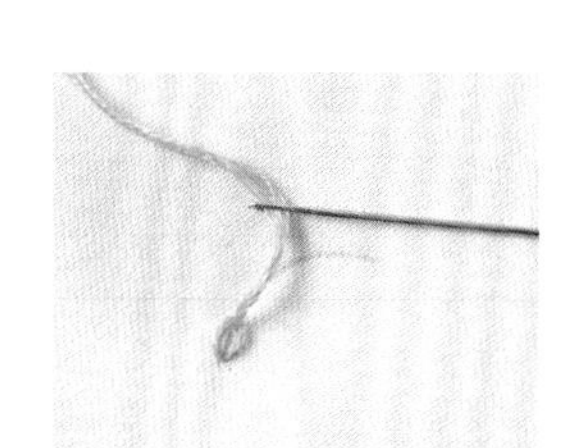

3. 拔針後如圖。以相同方式重覆掛線運針。當只繡1個鎖鍊繡欲收尾時，緊鄰線圈的外側入針即可。

▲▲

▲ 法式結粒繡

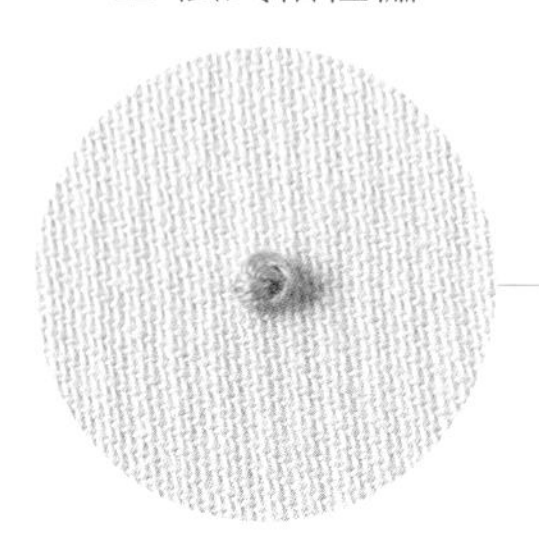

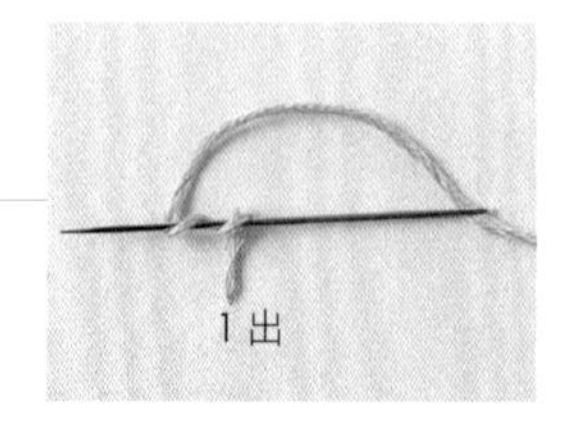

1. 正面1出針，將線依指定圈數繞針。圖片是繞2圈的狀態。

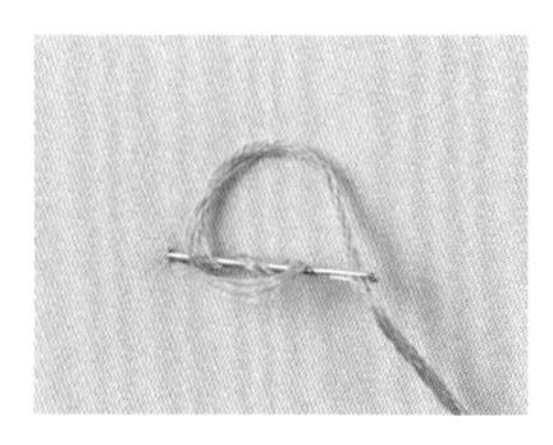

2. 緊鄰1旁入針。

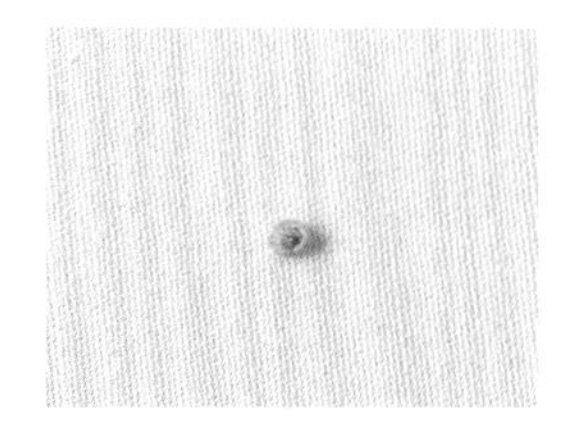

3. 為避免繞好的線圈鬆開，需按住線圈才抽針。

▲ 捲線結粒繡

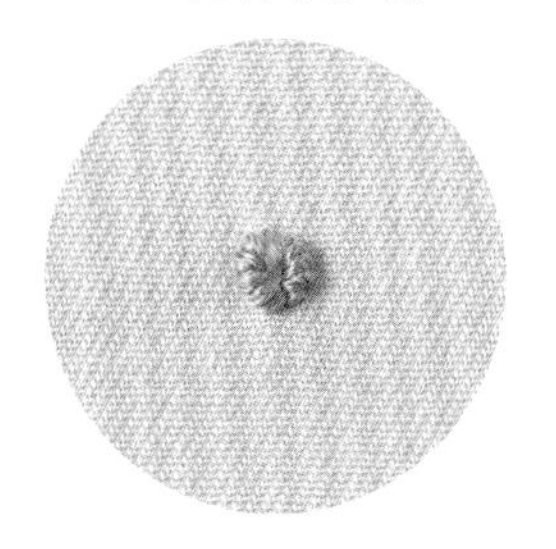

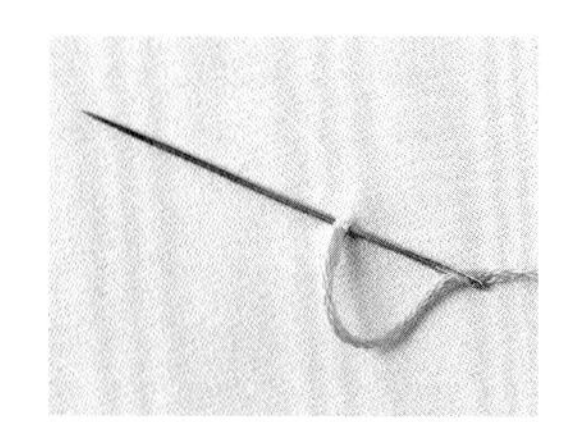

1. 在布的正面出針，在出針處旁邊微挑出1針目。

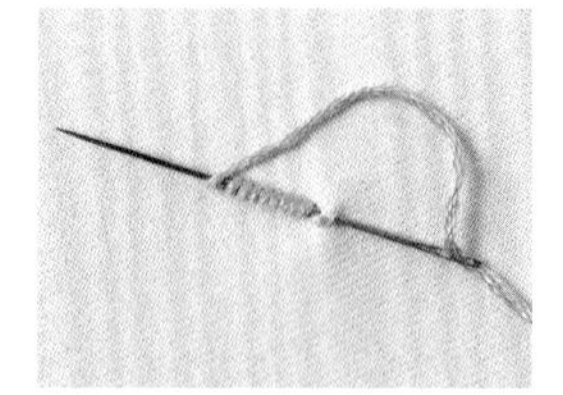

2. 線約捲10圈。

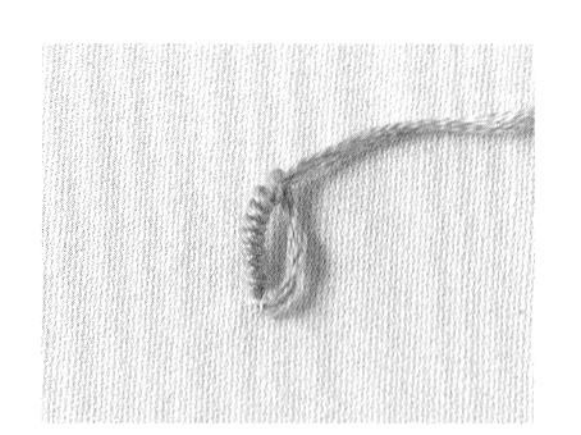

3. 一邊按住捲在針上的線再抽出針（圖片是抽出針的狀態）。

4. 接著再拉線，將捲起來的線做成圓形。

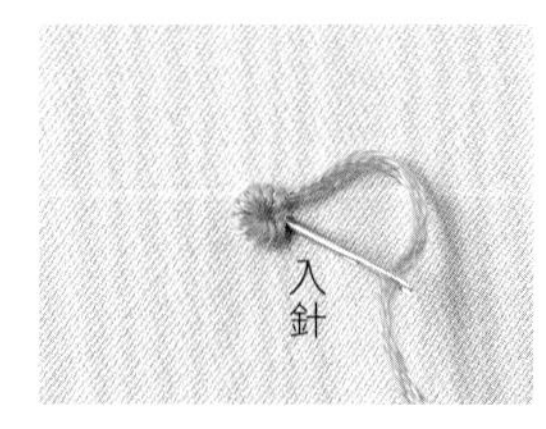

5. 將針插入原點。

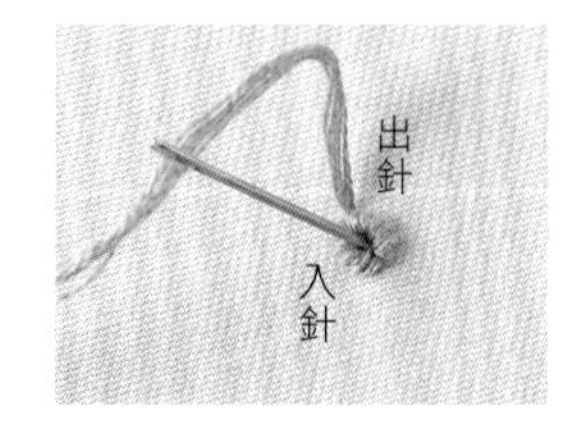

6. 在圓的反方向出針，在中心入針後固定。

▲ 捲線繡

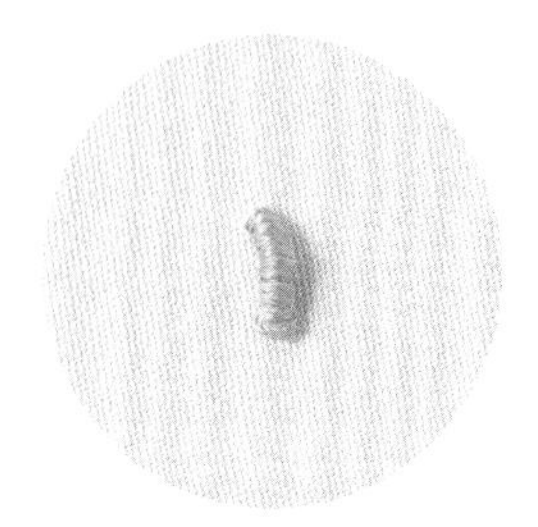

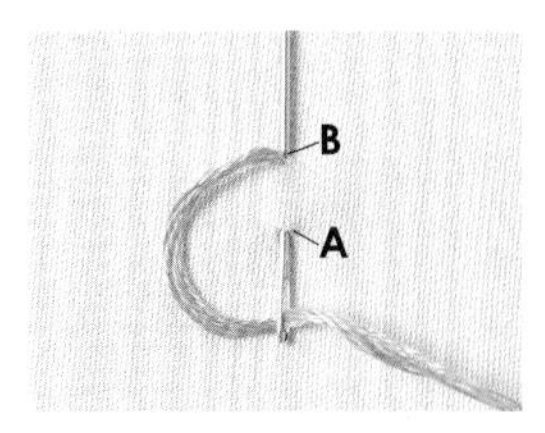

1. 如圖穿好針的位置。

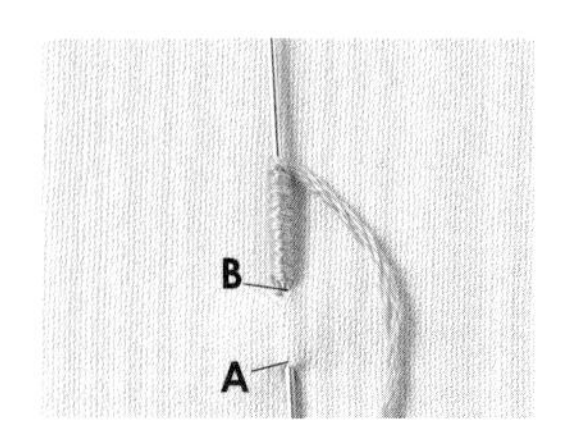

2. 將線捲約10圈。

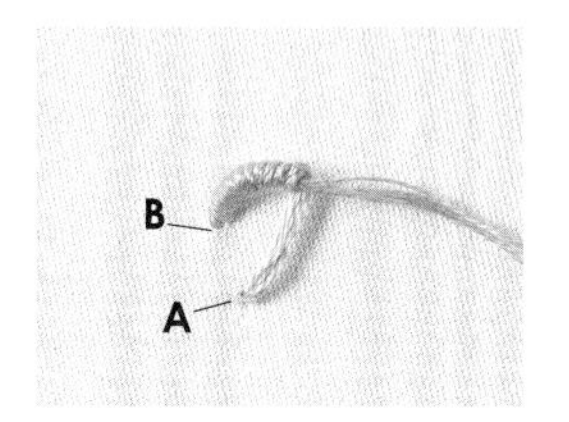

3. 按住捲在針上的線，一邊抽出針（圖片是抽出針的狀態）。

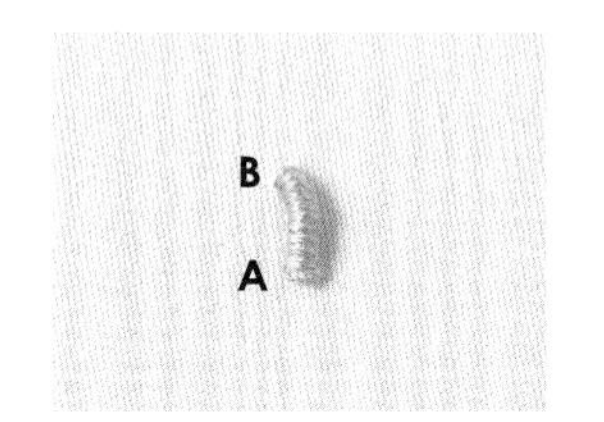

4. 緊鄰A旁入針。

胸針（數字標籤）的收尾

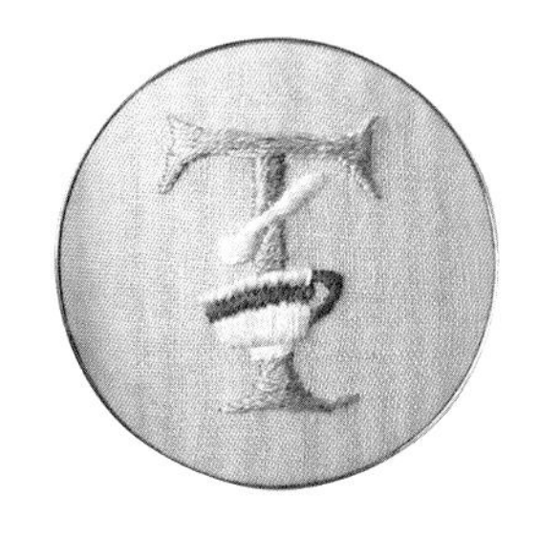

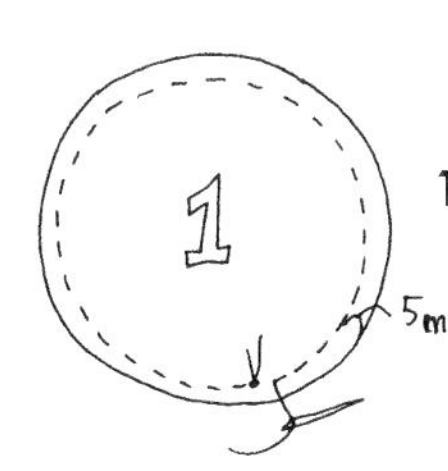

1. 完成刺繡後。將布剪得比胸針五金稍大約1.5cm，從外側向內的5mm處做平針縫。

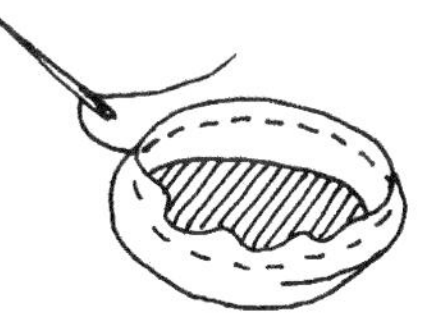

2. 放入胸針五金後，拉緊線。

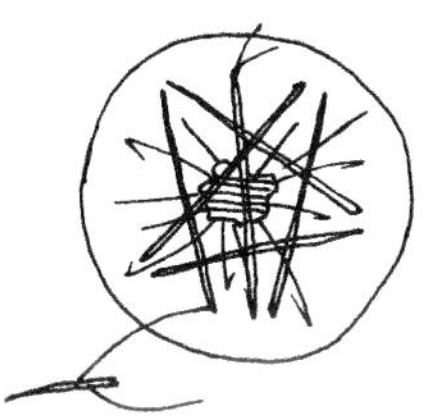

3. 抽線束緊背面，把正面拉平。

〔做為胸針時〕
將底座用黏著劑固定在3的背面。

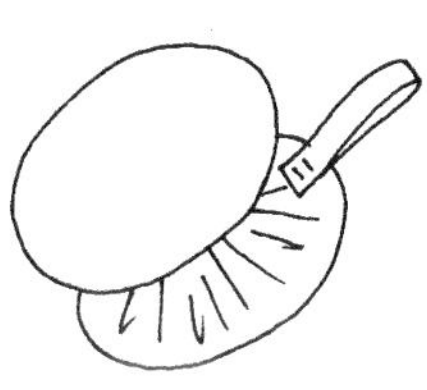

〔做為數字標籤時〕
將緞帶先縫在內側固定，用比標籤小一圈的布片，以黏著劑貼在3的背面。

刺繡圖的標示說明

回框數字為刺繡順序

粉紅色的細斜線是刺繡的方向

作品名與刊載頁碼

數字是線的色號

粉紅色的粗斜線是起繡點

使用的繡線色號與圖中的對應顏色標記

Northern Europe /// 北歐字體（繡法）

photo p.14_16

[材料]

● 繡線

□白色 ... 100

■黃色 ... 300

■灰色 ... 152A

■碳灰色 ... 2154

[繡法]

○除指定外均為 2 股線

○除指定外均為緞面繡

輪廓繡 2154

①

②

③

④

⑤

⑥

① 回針繡 3 股線　2154

② 回針繡 3 股線 2154

③ 長短針繡

④ 圓形均為法式結粒繡，在③的上方 用 6 股線 捲 2 圈

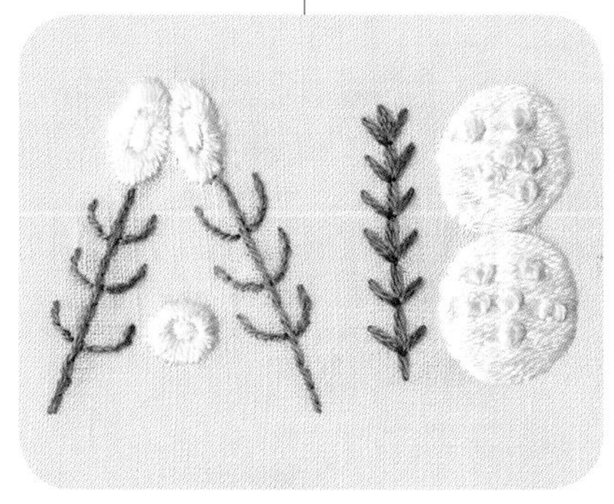

完成

刺繡圖除特別指定外，皆為實際大小。

線的色號是 COSMO 25 號刺繡線（Lecien 系列）。

各刺繡的繡法請見 p.48 開始的「基本的繡法」。

ABC /// 訊息

photo p.01

[材料]

● 繡線

灰色 ... 2151

■黑色 ... 895

黃色 ... 820

▒淡綠色 ... 2317

[繡法]

○全部 2 股線

○除指定外均為緞面繡

○文字依①果實②文字③莖

→葉的順序來繡

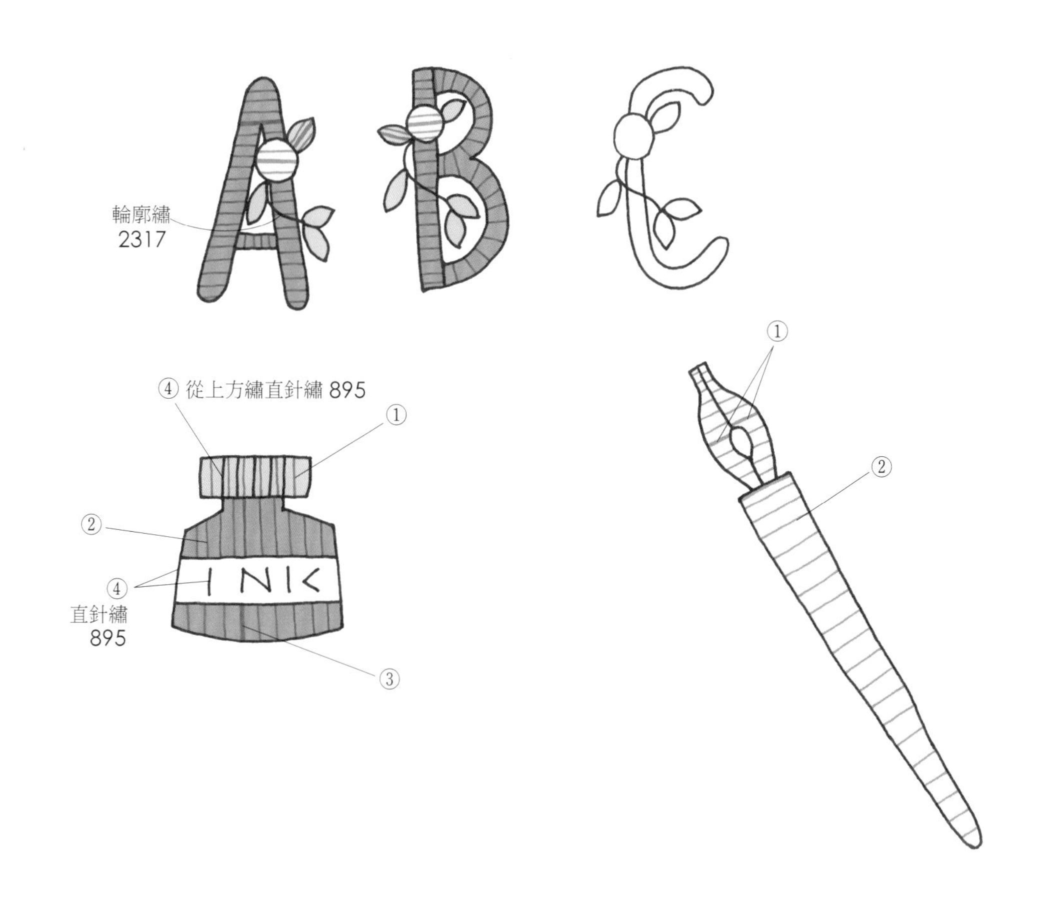

Summer greetings /// 問候卡

photo p.06

[材料]

● 繡線

淡藍色 ... 524

黑色 ... 600

深粉紅色 ... 506

水藍色 ... 163

綠色 ... 843

□白色 ... 100

[繡法]

○全部 2 股線

○除指定外均為緞面繡

○眼睛是在最後繡法式結粒繡、捲 2 圈 600

○收尾方式參考 p.94

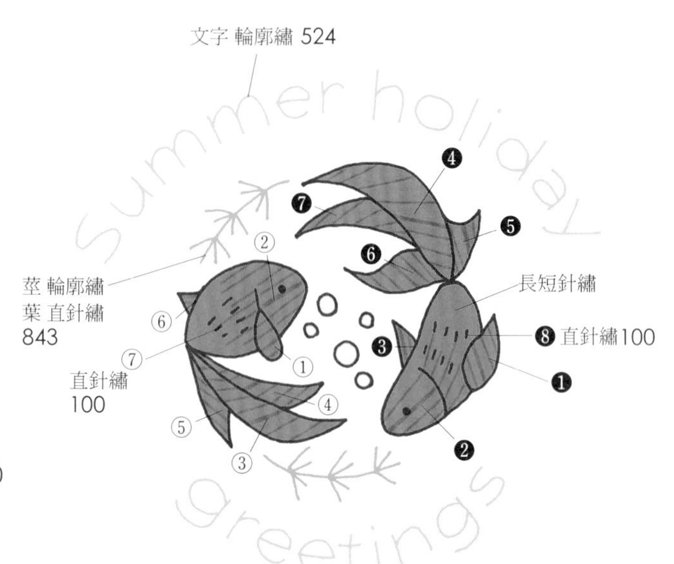

[材料]

● 繡線

水藍色 ... 412 　□白色 ... 100

淡藍色 ... 524 　淡綠色 ... 899

藍色 ... 526 　深綠色 ... 337

[繡法]

○蝴蝶結是 3 股線，除指定外均為 2 股線

○除指定外均為緞面繡

〈花環〉

○想從哪裡開始繡都行

○葉子的順序是莖→葉

○花心皆是在刺繡上方做收尾時才繡。

○牽牛花是依導線呈放射狀來繡，
　再把縫隙填滿。

〈蝴蝶結〉

○依①紅線②藍線的順序繡鎖鍊繡
　③最後用緞面繡繡打結處

○收尾方法參考 p.94

Merry Christmas /// 聖誕卡

photo p.07

[材料]

● 繡線

■碳灰色 ... 155

■深粉紅色 ... 506

□白色 ... 100

淡黃色 ... 297

■茶色 ... 368

■淡綠色 ... 897

皮膚色 ... 341

[繡法]

○全部 2 股線

○除指定外均為緞面繡

○文字是輪廓繡 155

○收尾方法參考 p.94

Merry Christmas

輪廓繡 155

⑩ 輪廓繡 297

② ⑧ 長短針繡

① ⑨ ③

⑤

④圓形全部

⑦從上方到縫隙繡 輪廓繡

⑥從上方繡輪廓繡 100

長短針繡

⑥從上方繡輪廓繡 100

⑪從上方繡法式結粒繡、捲 2 圈

[材料]

● 繡線

■碳灰色 ... 155

■灰色 ... 154

■淡綠色 ... 897

■淡茶色 ... 366

□白色 ... 100

■深粉紅色 ... 506

皮膚色 ... 341

[繡法]

○全部 2 股線

○除指定外均為緞面繡

○文字是輪廓繡 155

○收尾方法參考 p.94

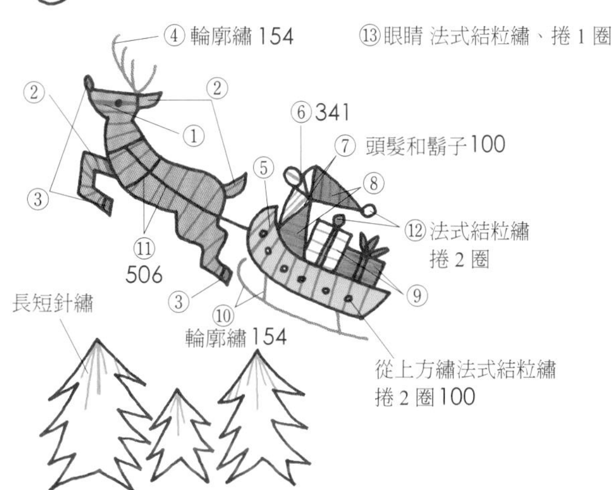

Alice /// 愛麗絲字體（實際圖案尺寸）

photo p.10&12

詳細的繡法在 p.58

M N O P
Q R S T
U V W X
Y Z
10/

Alice /// 愛麗絲字體（繡法）

photo p.10&12

［材料］

● 繡線

深粉紅色 ... 114

粉紅色 ... 481A

淡紫色 ... 172A

水藍色 ... 372

淡綠色 ... 897

□白色 ... 100

■黑色 ... 600

■茶色 ... 384

淡茶色 ... 366

皮膚色 ... 341

［繡法］

○除指定外全部 2 股線

○除指定外均為緞面繡

○一針的長度若太長時，改繡長短針繡

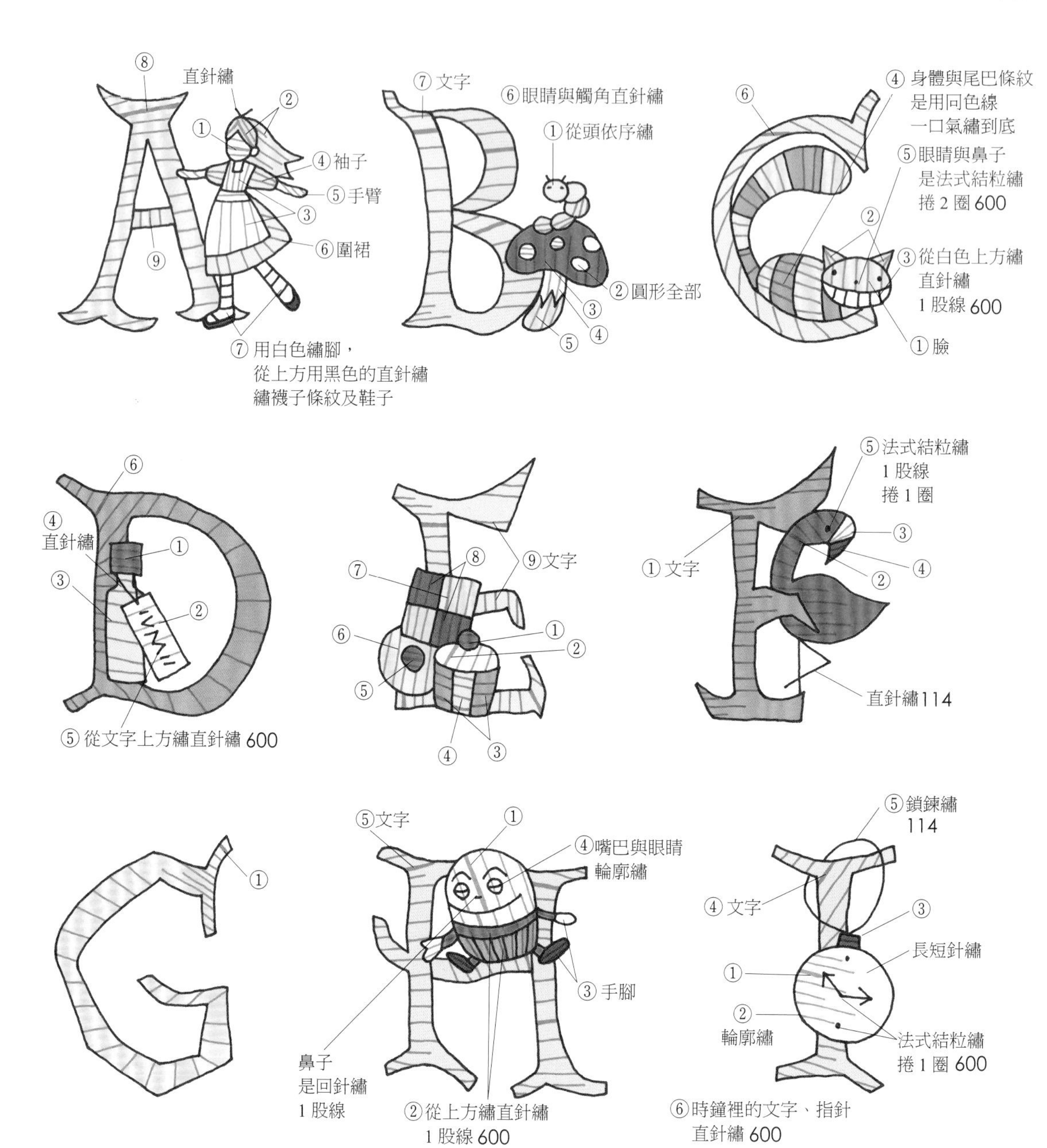

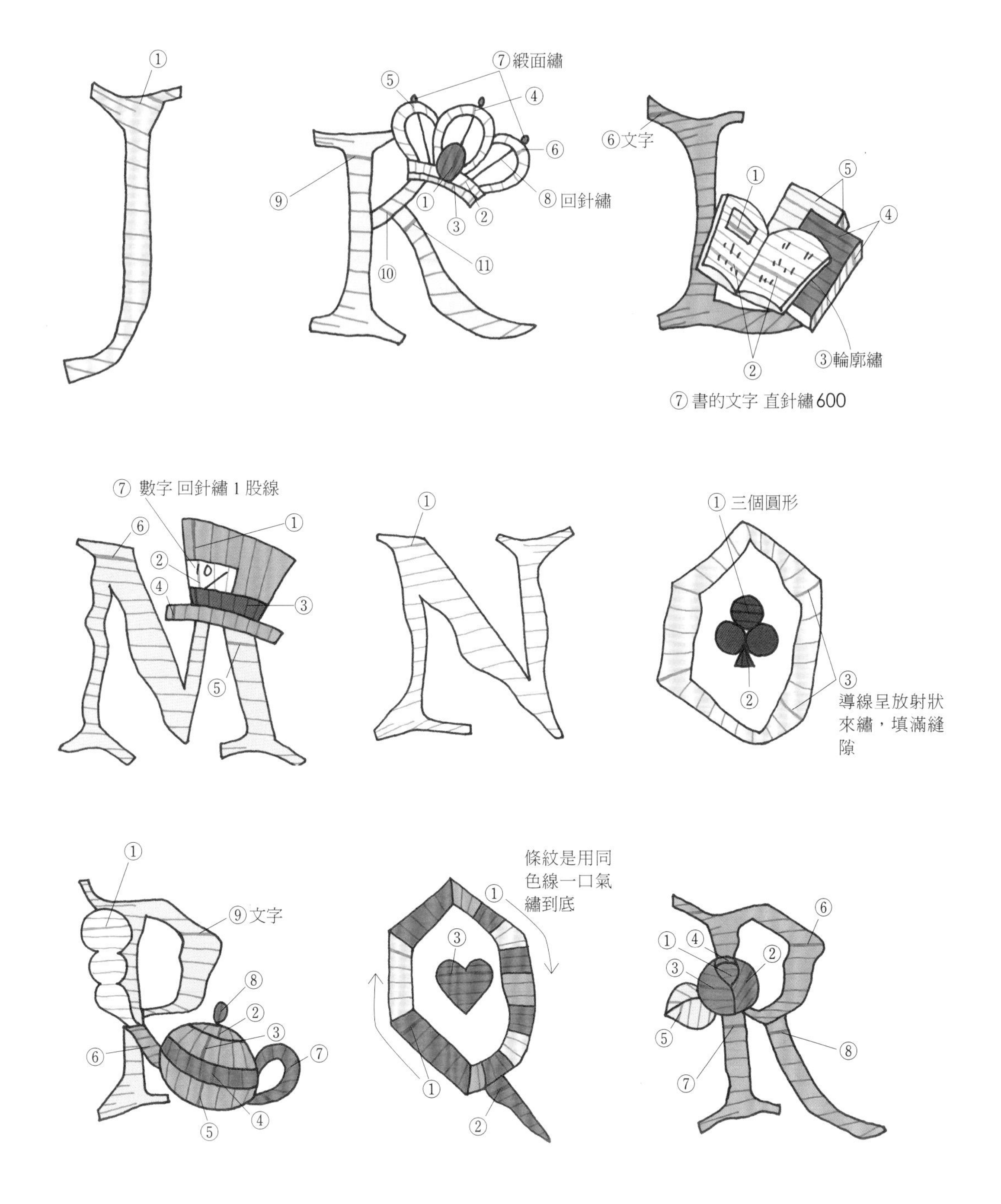
①
⑦緞面繡
⑤
④
⑥
⑨
⑧回針繡
①
③
②
⑩
⑪
⑥文字
①
⑤
④
②
③輪廓繡
⑦書的文字 直針繡600
⑦ 數字 回針繡1股線
⑥
①
②
④
③
⑤
①
① 三個圓形
②
③
導線呈放射狀來繡，填滿縫隙
①
⑨文字
⑧
②
③
⑥
⑦
⑤
④
條紋是用同色線一口氣繡到底
①
③
①
②
⑥
①
④
②
③
⑤
⑧
⑦

Alice /// 愛麗絲字體（實際圖案尺寸）

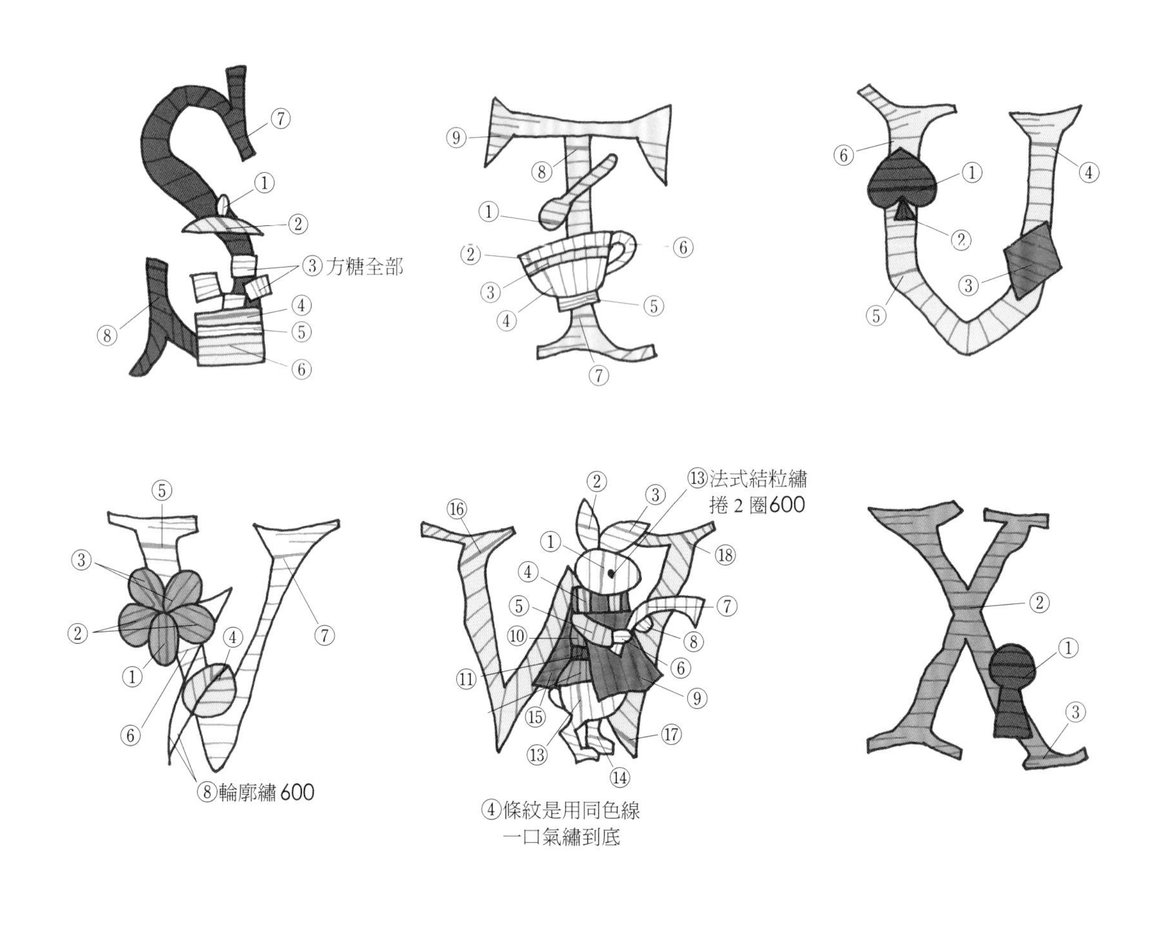

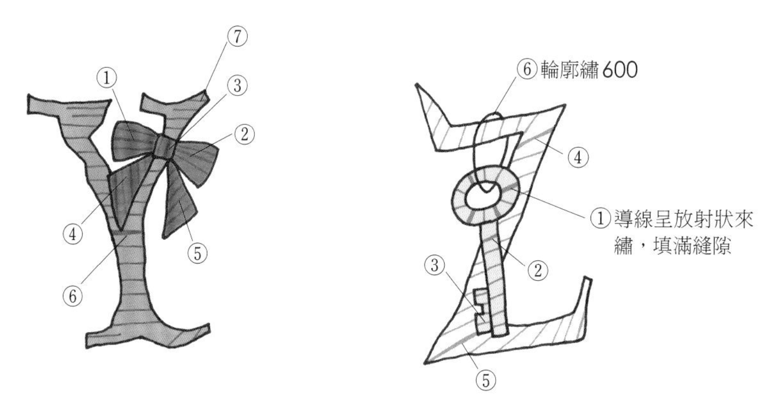

Tote Bag /// 托特包（實際圖案尺寸）

photo p.11

[材料]

● 繡線

▩黑色 ... 600

[繡法]

○除指定外均為 2 股線

○除指定外均為緞面繡

○繡法參考 p.59

Brooch /// 胸針（實際圖案尺寸）

photo p.13

[材料]

● 繡線

淡藍色 ... 2212

▩深粉紅色 ... 505A

□白色 ... 100

● 直徑 5cm 的胸針五金

[繡法]

○繡法參考 p.59、60

○收尾方法參考 p.51

Northern Europe /// 北歐字體（實際圖案尺寸）

photo p.14_16
詳細繡法在 p.64

Northern Europe /// 北歐字體（繡法）

photo p.14_16

[材料]

● 繡線

□白色 ... 100

黃色 ... 300

灰色 ... 152A

■碳灰色 ... 2154

[繡法]

○除指定外均為 2 股線

○除指定外均為緞面繡

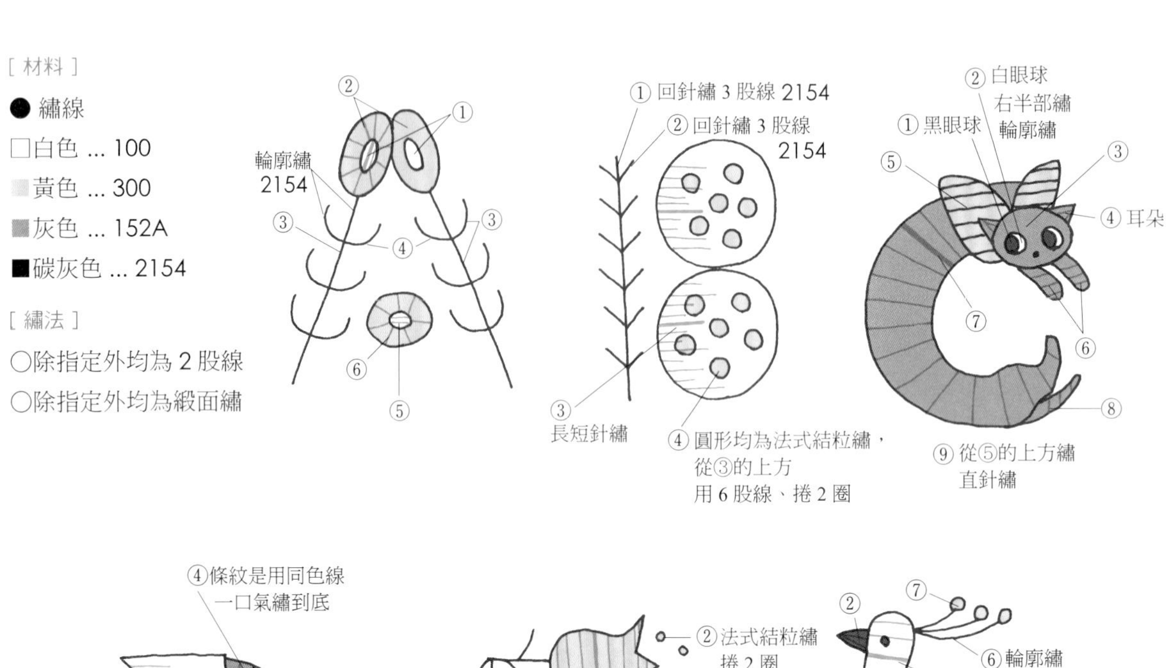

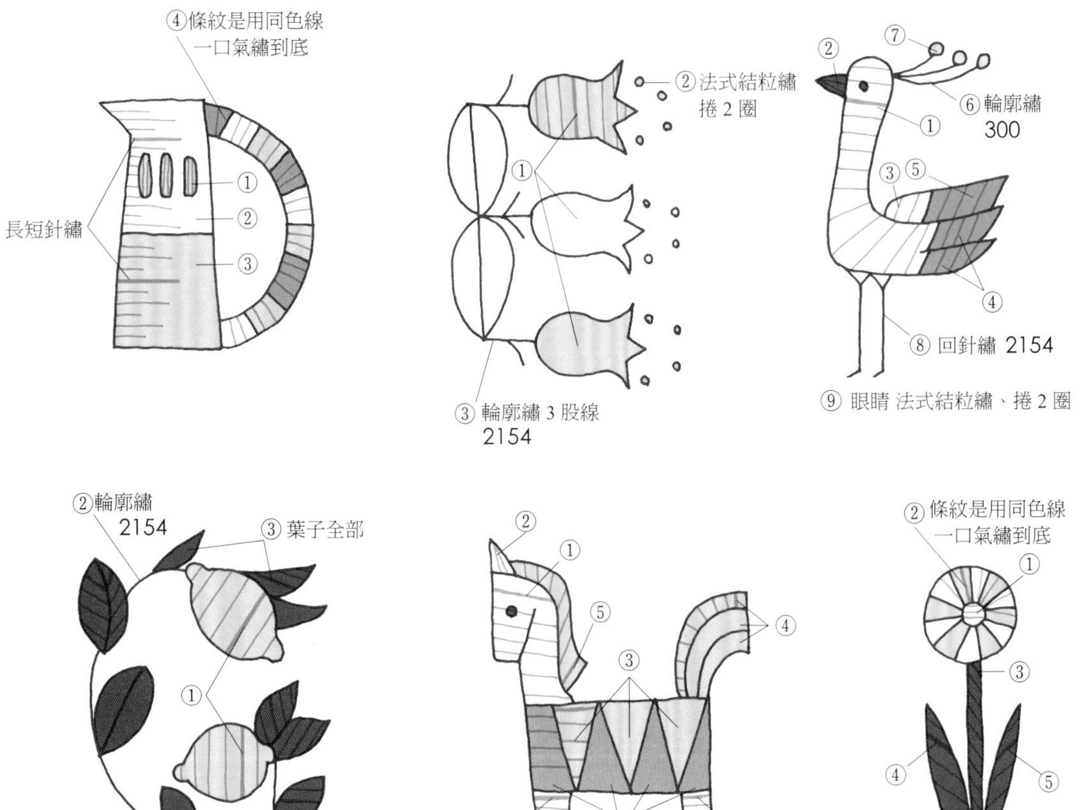

接下來的繡法

[材料]

● 繡線

□白色 ... 100

黃色 ... 300

灰色 ... 152A

碳灰色 ... 2154

[繡法]

○除指定外均為 2 股線

○除指定外均為緞面繡

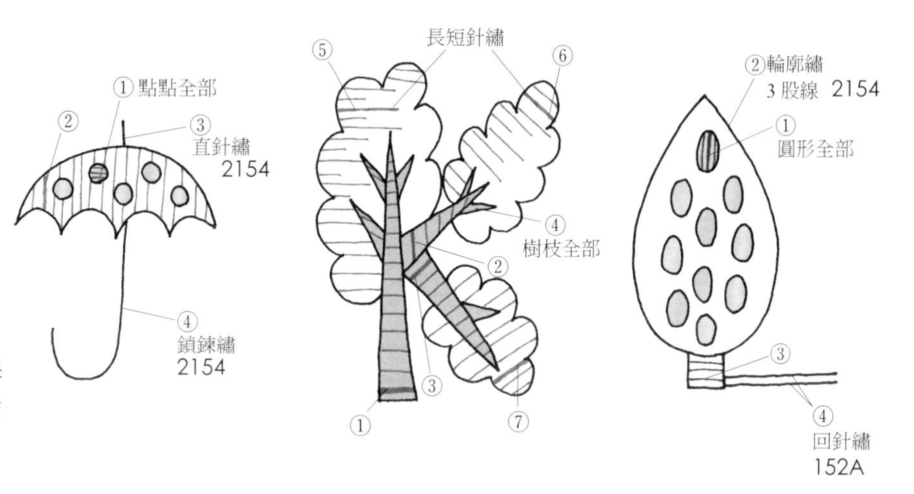

Northern Europe /// 北歐字體（繡法）

photo p.16

[材料]

● 繡線

□白色 ... 100

藍色 ... 732

皮膚色 ... 341

黑色 ... 895

[繡法]

○除指定外為 2 股線

○除指定外為緞面繡

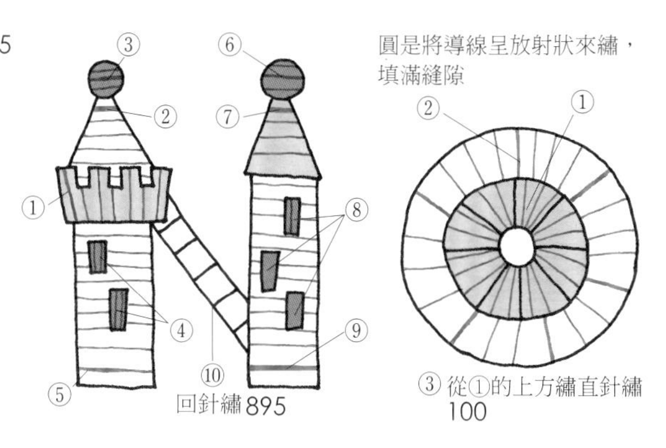

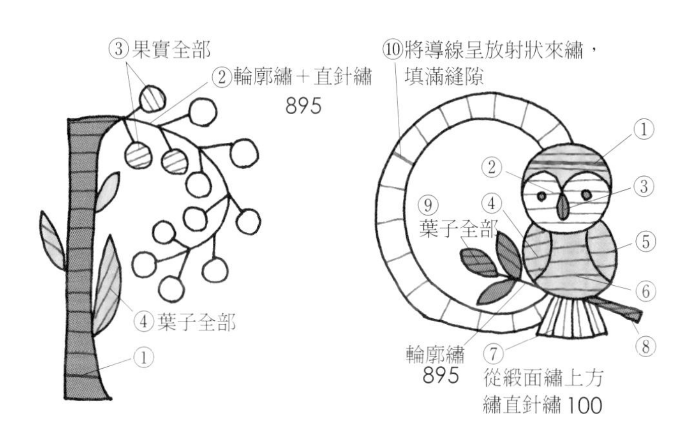

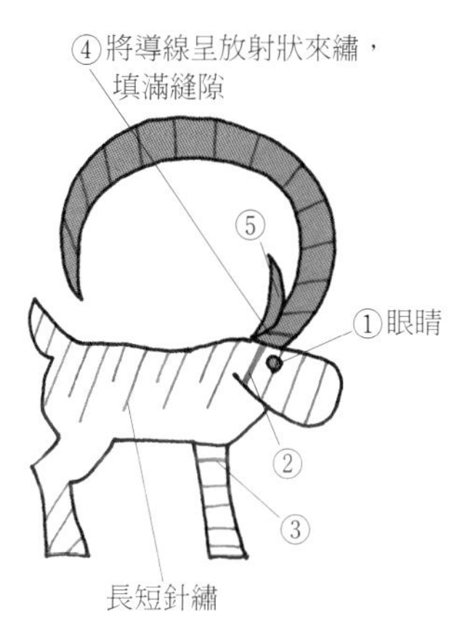

Northern Europe /// 北歐字體（繡法）

photo p.16

[材料]

● 繡線

□白色 ... 100

■藍色 ... 732

■黑色 ... 895

[繡法]

○除指定外為 2 股線

○除指定外為緞面繡

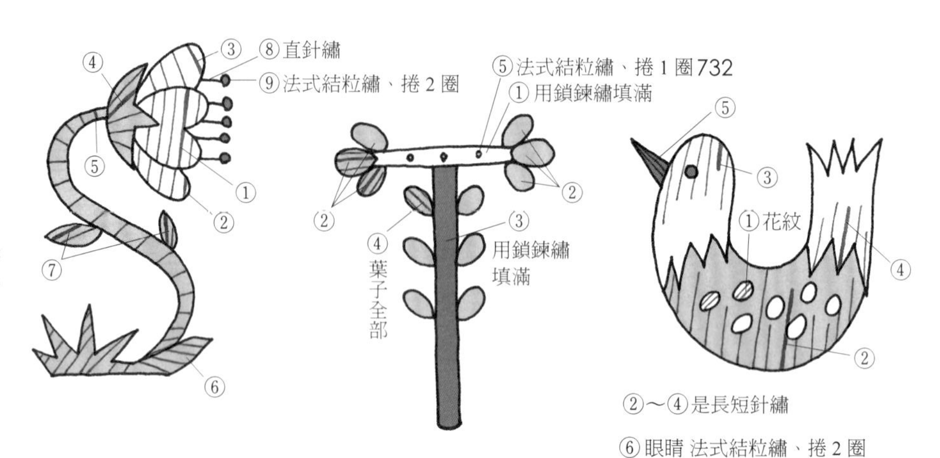

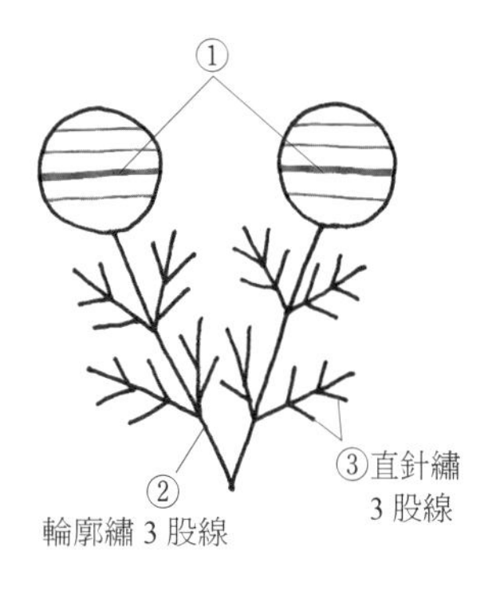

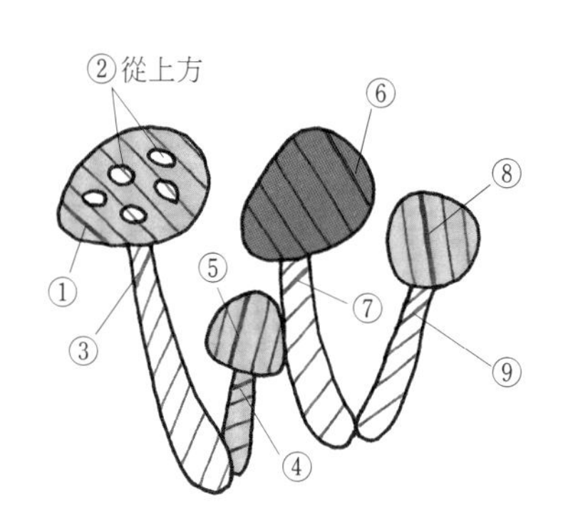

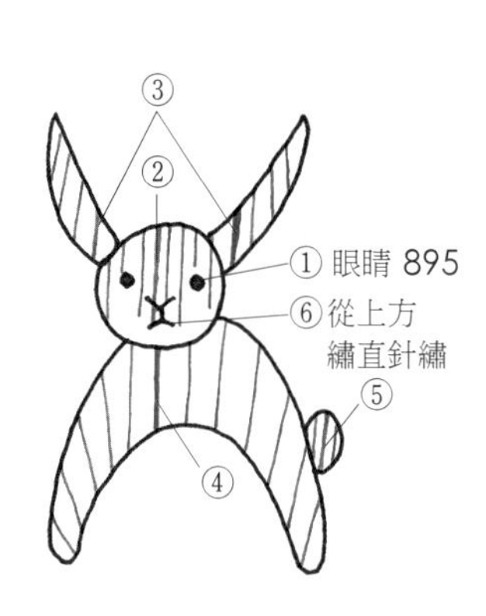

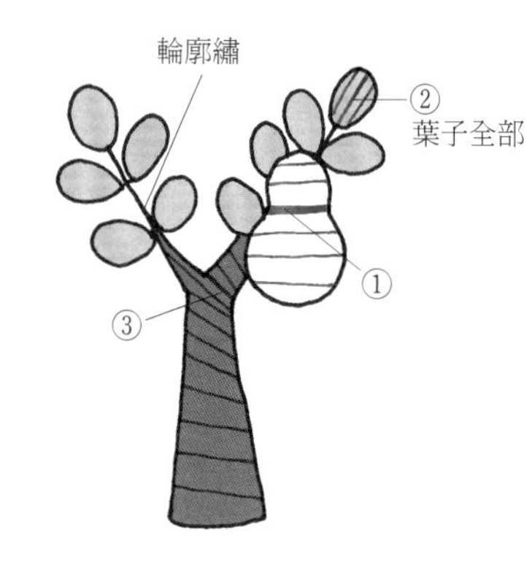

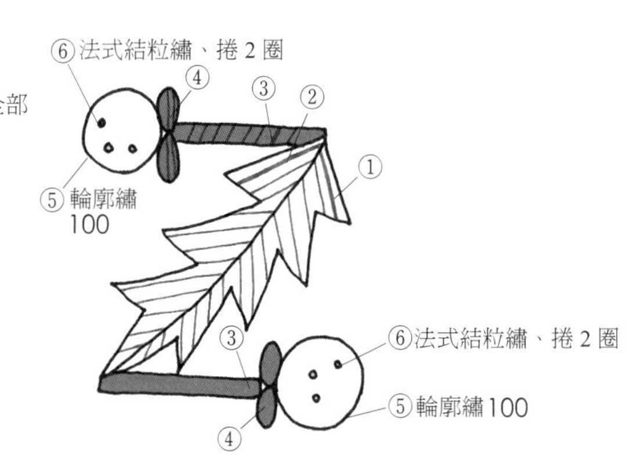

Handkerchief /// 手帕（實際圖案尺寸）

photo p.15

[材料]

● 繡線

□白色 ... 100

黃色 ... 302

灰色 ... 152A

水藍色 ... 414A

■碳灰色 ... 2154

[繡法]

○除指定外均為 2 股線

○除指定外均為緞面繡

○繡法除指定外均參考 p.64、65

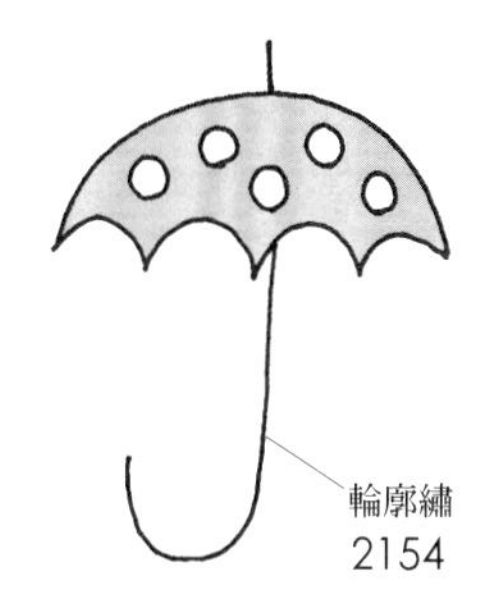

Baby's /// 帽子與包臀衣（實際圖案尺寸）

photo p.17

[材料]

● 繡線

黃色 ... 701

■碳灰色 ... 155

淡茶色 ... 714

□米黃色 ... 1000

綠色 ... 565

淡綠色 ... 371

[繡法]

○除指定外均為 2 股線

○除指定外均為緞面繡

○繡法除指定外均參考 p.65、66

Letters /// 信箋（秘密的花園）

photo p.02

[材料]

● 繡線

■黃色 ... 700

■淡黃色 ... 297

■皮膚色 ... 341

□白色 ... 100

■藏青色 ... 169

■黃綠色 ... 269

■茶色 ... 716

[繡法]

○除指定外均為 2 股線

○除指定外均為緞面繡

○文字是從粗線記號開始繡緞面繡
→細線處是繡輪廓繡

○玫瑰全部繡捲線結粒繡 + 捲線繡

○大致的繡法順序

❶ 瑪麗

❷ 玫瑰花

❸ 葉子和藤蔓

❹ 拱門與地面

I wish your happiness

回針繡 1 股線 169

Message Tag /// 吊牌標籤

photo p.04

[材料]

● 繡線

■粉紅色 ... 2111

■黑色 ... 600

[繡法]

○韓文是 3 股線，
　除此之外是 2 股線

○均為回針繡與直針繡

○收尾方法參考 p.94

Thank you

감사

спасибо

ありがとう

Bon appétit /// 請享用

photo p.05

[材料]

● 繡線

■橙紅色 ... 834

■黑色 ... 600

[繡法]

○花是 2 股線，文字是 3 股線

○除指定外均為緞面繡

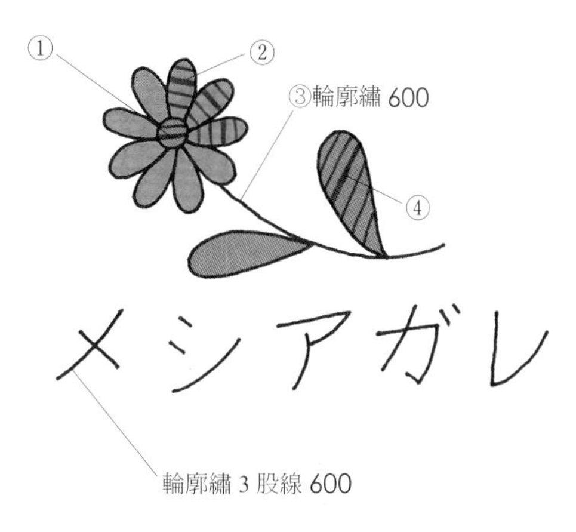

Citrus /// 柑橘字體

photo p.18

[材料]

● 繡線

□灰色 ... 152A

黃色 ... 298

淡藍色 ... 164

橘色 ... 145

綠色 ... 2317

[繡法]

○全部 2 股線

○除指定外均為緞面繡

○繡法的順序

①果實

②文字

③莖（輪廓繡）

④葉

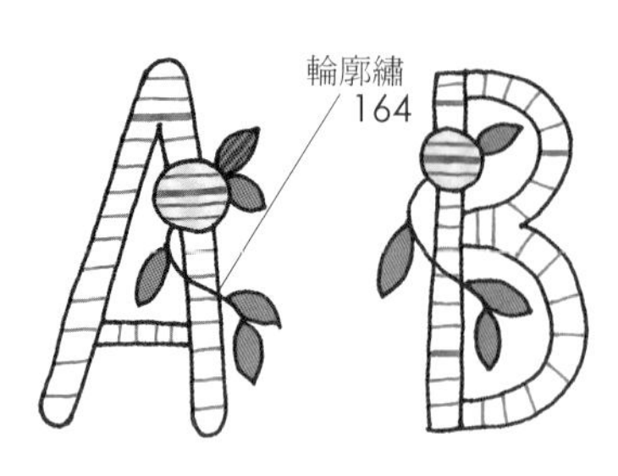

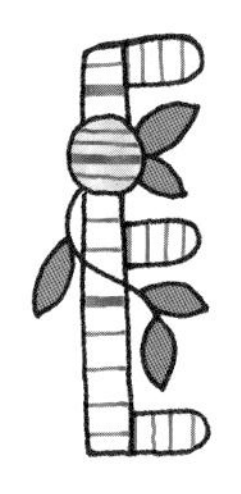

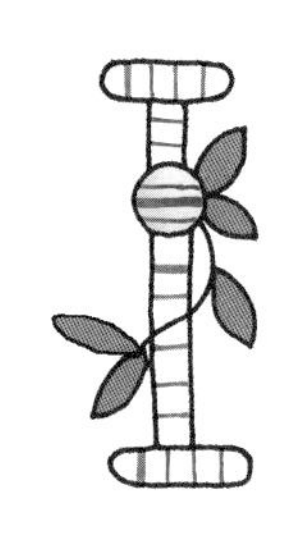

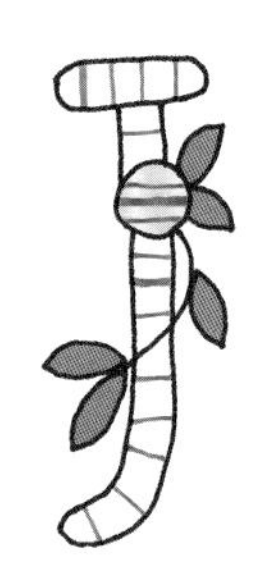

Citrus /// 柑橘字體

photo p.19

Simple Lower case letters /// 簡單字體　小寫

photo p.20

[材料]

● 繡線

黑色 ... 600

[繡法]

○全部 2 股線、緞面繡

○全部緞面繡

○從粗線記號開始繡

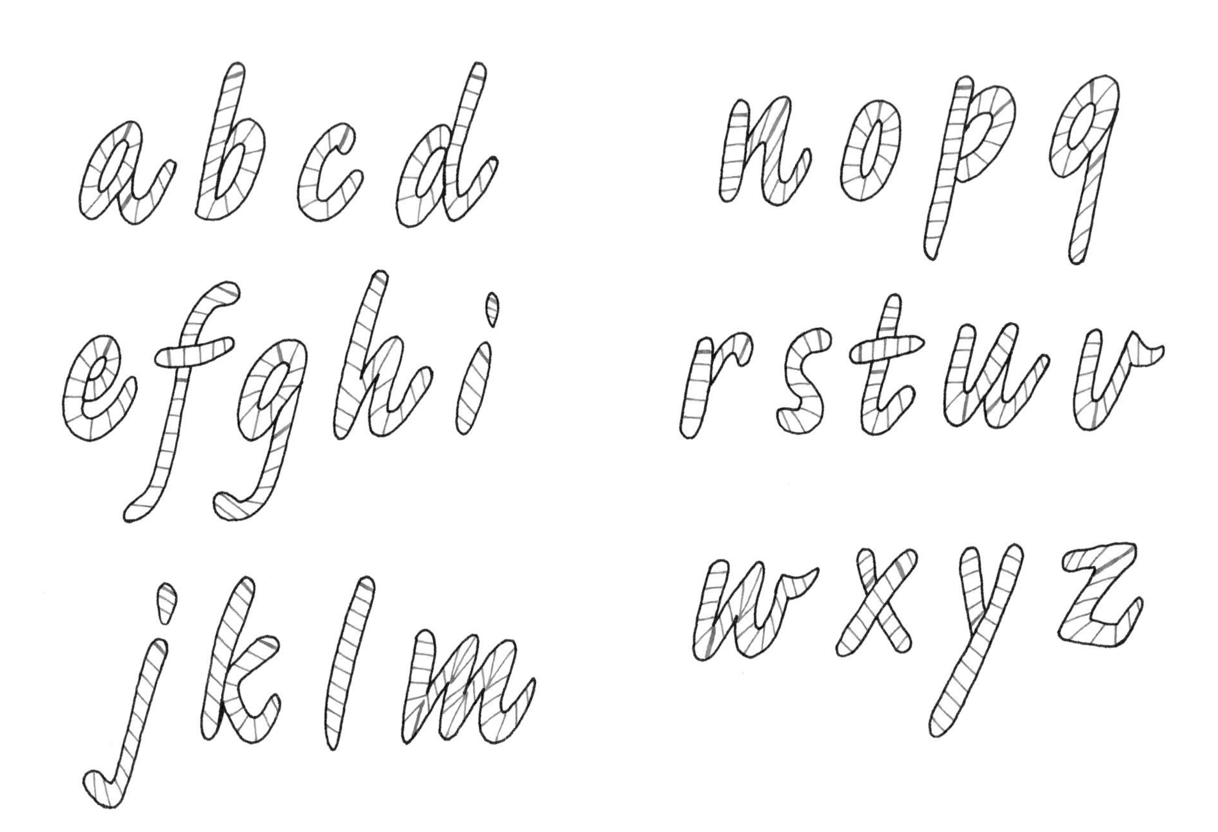

Number & Minimum /// 數字與最小字體

photo p.21

［材料］

● 繡線

紫色 ... 173

粉紅色 ... 222

［繡法］

○全部 2 股線、緞面繡

○全部緞面繡

○從粗線記號開始繡

○收尾方法參考 p.51

○數字標籤紙型

12345

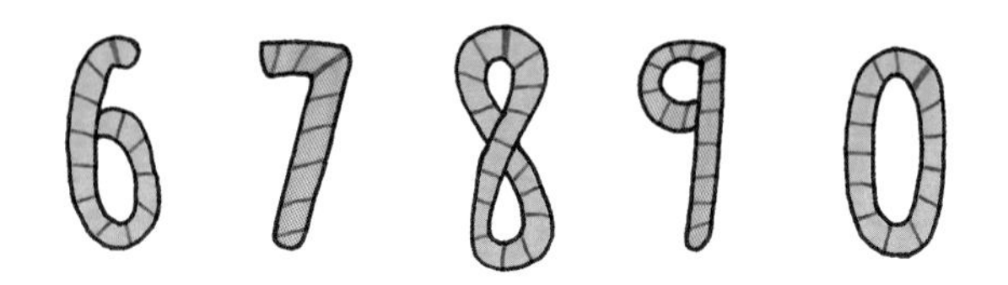

［材料］

● 繡線

紅紫色 ... 485A

藏青色 ... 169

橙紅色 ... 834

［繡法］

○全部 3 股線

○全部回針繡

ABCDEF

GHIJKLMNOPQ

RSTUVW

XYZ

Butterfly /// 蝴蝶字體

photo p.22_23

[材料]

● 繡線

〈共通〉

■黑色…600（觸角）

〈A～N〉

■粉紅色 ... 2111（AGILM+CEK 的蝴蝶）

■深粉紅色 ... 504（CEK+AGILM 的蝴蝶）

■淡紫色 ... 174（BDHJ）

■淺紫色 ... 172A（BDFHJN 的蝴蝶）

■深紫色 ... 283（FN）

〈O ～ Z〉

□黃色 ... 820（QRWX+OSVZ 的蝴蝶）

■綠色 ... 902（PTUY 的蝴蝶）

■水藍色 ... 163（OSVZ+QRWX的蝴蝶）

■淡綠色 ... 896（PTUY）

[繡法]

○除指定外皆為 2 股線

○除指定外皆為緞面繡

○刺繡順序

①蝴蝶　②文字　③觸角

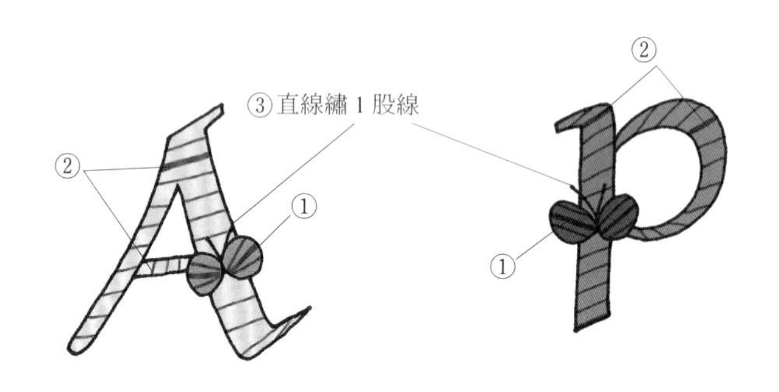

Bag /// 上學用・便當袋、鞋袋

photo p.26_27

[材料]

● 繡線

〈小花〉

□白色 ... 100

■黑色 ... 600

淡綠色 ... 896（文字）

〈小藍〉

■橘色 ... 302

■黃色 ... 298

□白色 ... 100

〈小春〉

■藍色 ... 414A

■橘色 ... 302

□白色 ... 100

■奶油色 ... 1000

[繡法]

○配色參考圖片

○日語片假名、平假名是繡回針繡與直針繡，待針字體請參考 p.78、79

○市售的包包

〈小藍〉繡法 p.84

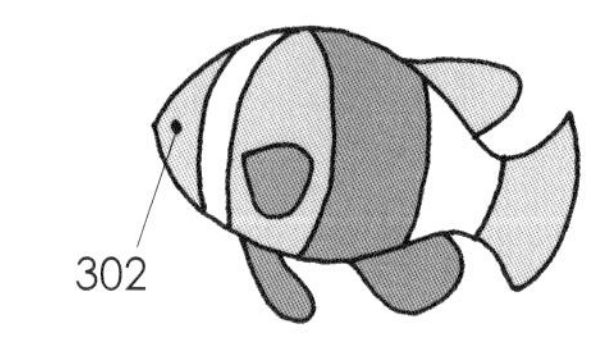

〈小花〉繡法 p.89

〈小春〉繡法 p.58

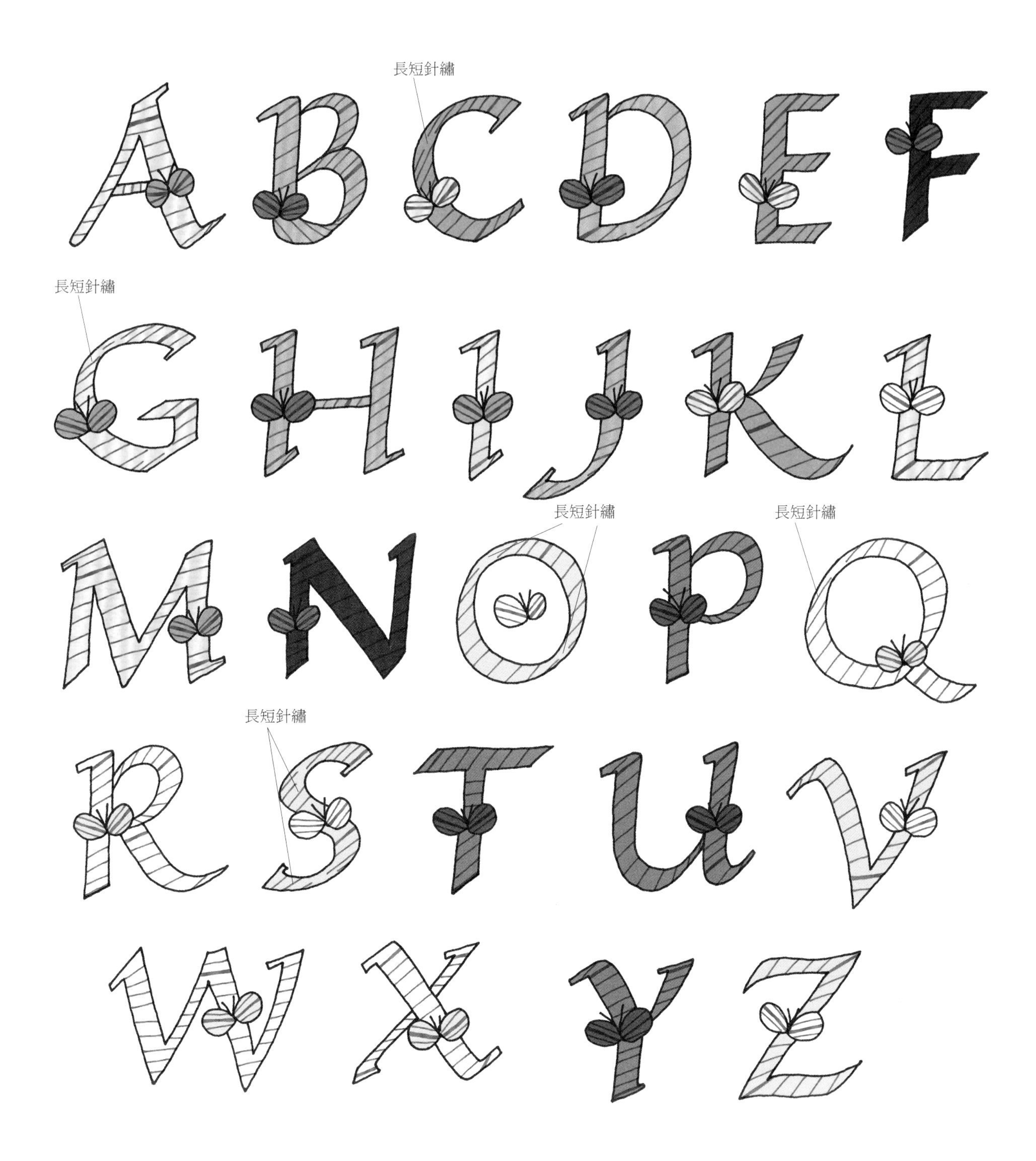
長短針繡
A B C D E F
長短針繡
G H I J K L
長短針繡
長短針繡
M N O P Q
長短針繡
R S T U V
W X Y Z

Simple Hiragana /// 簡單字體 平假名

photo p.24

[材料]

● 繡線

白色 ... 100

[繡法]

○全部 3 股線

○文字 回針繡

○框線 鎖鍊繡

Simple Katakana /// 簡單字體 片假名

photo p.25

[材料]

● 繡線

藍色 ... 414A

[繡法]

○全部 3 股線

○文字 回針繡

○框線 鎖鍊繡

Dress pin /// 待針字體

photo p.28_29

[材料]

● 繡線

■紅色 ... 206

■淡綠色 ... 896

□黃色 ... 299

■粉紅色 ... 835

[繡法]

○全部 2 股線

○面 緞面繡

○線 輪廓繡

無指定顏色時

用紅色 206 繡

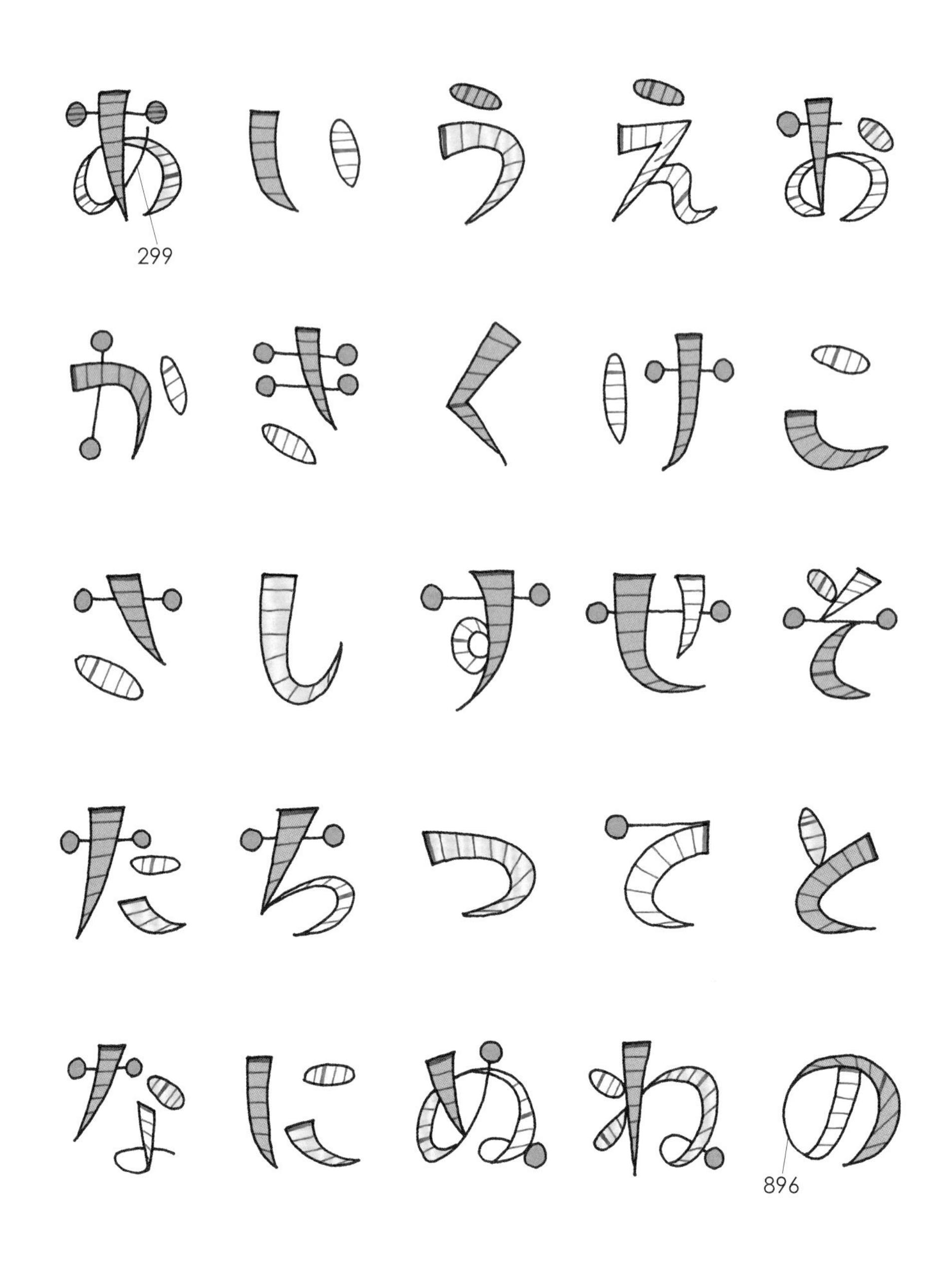

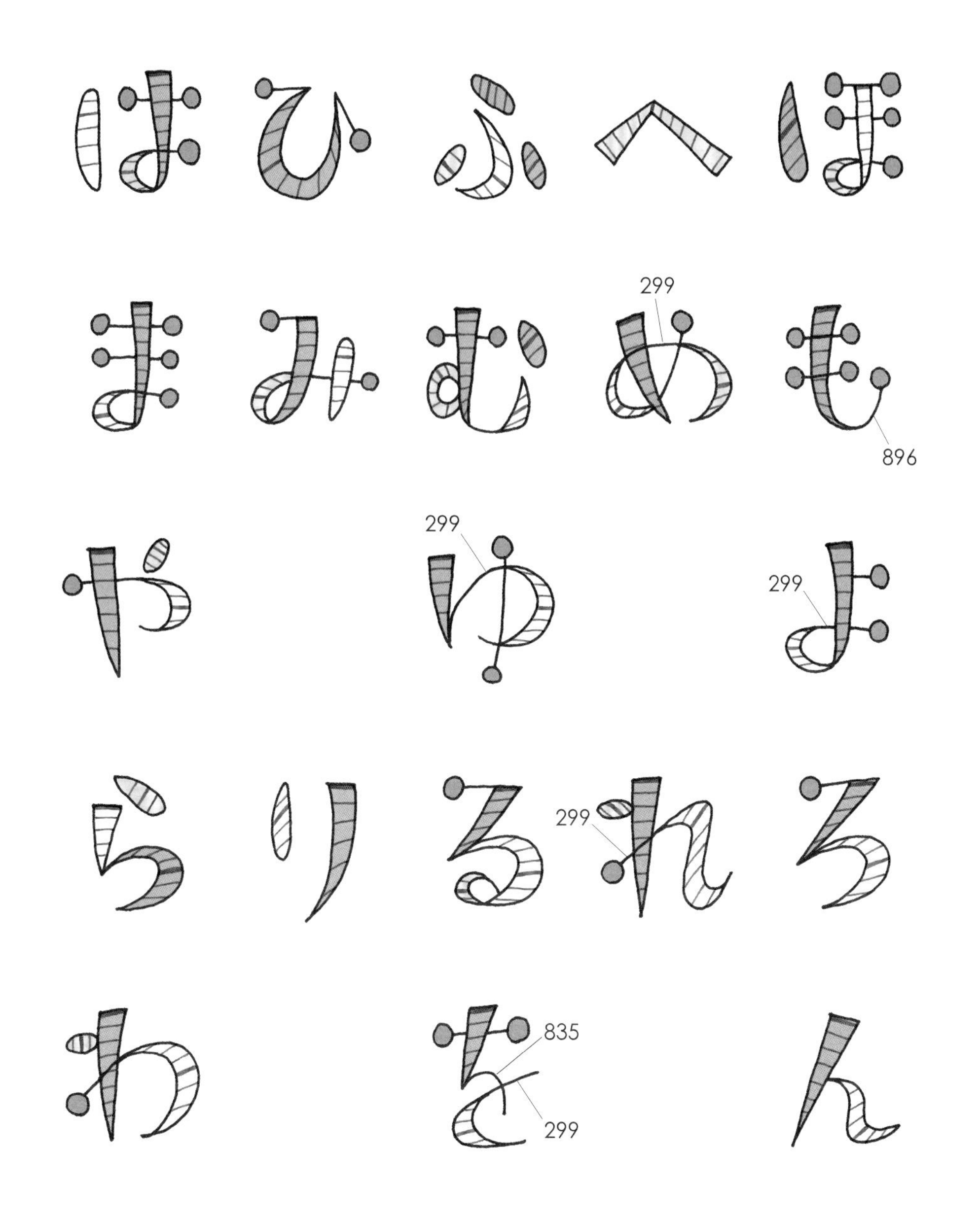

Garland /// 花環

photo p.30

[材料]

● 繡線

深粉紅色 ... 836
粉紅色 ... 481A
黃色 ... 300
藍色 ... 165
白色 ... 100
紫色 ... 2262
綠色 ... 2563

[繡法]

○配色參考圖片

Thumbelina /// 拇指公主

photo p.32

[材料]

● 繡線

□白色 ... 100

藏青色 ... 169

藍綠色 ... 375

薄荷綠 ... 562

皮膚色 ... 341

淡茶髮 ... 366

深粉紅色 ... 505A

紫色 ... 173

[繡法]

○除指定外均為 2 股線

○除指定外均為緞面繡

○文字是輪廓繡 505A

Red shoes /// 紅舞鞋

photo p.33

[材料]

● 繡線

深粉紅色 ... 106

藏青色 ... 169

□白色 ... 100

皮膚色 ... 341

■焦茶髮 ... 477

[繡法]

○全部 2 股線

○除指定外均為緞面繡

○除指定外的繡線是 169

面是緞面繡，弧度及細長部分是接近輪廓繡的緞面繡。
細線的地方是回針繡 106
法式結粒繡、捲 2 圈
RED SHOES
③直針繡 106
①
②
輪廓繡
⑨回針繡
❹直針繡
❸
❷
輪廓繡
❺
❶
③
④
①
⑦
⑧
⑥從上方繡窗戶 ⑤ ②
❻
輪廓繡
❼
③
④
②
①
⑭
⑬
⑨
⑩吊帶
⑨
⑤
⑥
⑦
⑧
⑪圓形全部
⑫
長短針繡
⑬
從上方繡
直針繡106
⑭
②
③
①
長短針繡
②花心 410
法式結粒繡
捲 2 圈
①
③輪廓繡
④
①
花
②花心是在上方繡直針繡與
法式結粒繡、捲 2 圈
③
葉
⑥直針繡
④輪廓繡
⑤

Hansel and Gretel /// 糖果屋

photo p.34

[材料]

● 繡線

- 碳灰色 ... 155
- 茶色髮 ... 368
- 綠色 ... 324
- 淡橘色 ... 341
- 橘色 ... 187
- □淡灰色 ... 712

[繡法]

- ○全部 2 股線
- ○除指定外均為緞面繡
- ○周圍的圖案是用鎖鍊繡填滿

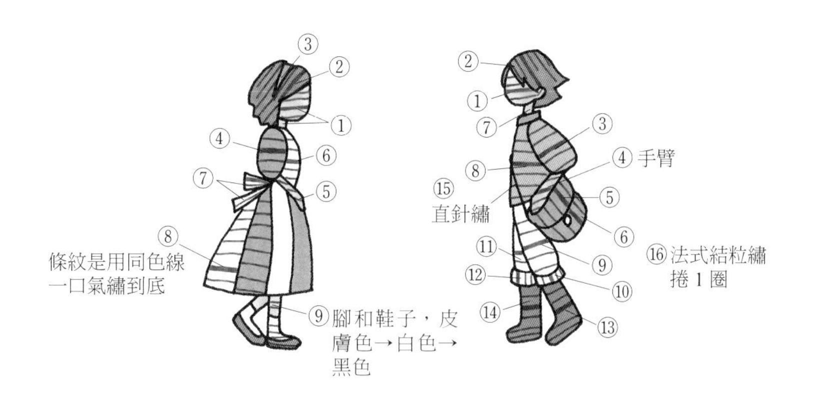

Sweets /// 點心時間

photo p.35

[材料]

● 繡線

〈Sweets〉
- 淺灰色 ... 472
- 黃綠色 ... 269
- 白色 ... 100
- 橘色 ... 343
- 深藍色 ... 166
- 茶色 ... 575

〈Chum〉
- 灰色 ... 154
- 黃綠色 ... 269
- 白色 ... 100
- 黃色 ... 299

[繡法]

○全部 2 股線

○除指定外均為緞面繡

○條紋是用同色線一口氣繡到底

小鳥的眼睛均為法式結粒繡、捲 1 圈 154

Little Mermaid /// 小美人魚

photo p.36

［材料］

● 繡線

□白色 ... 100

■青 ... 526

■薄荷綠 ... 562

■黃色 ... 298

■淡茶髮 ... 366

■皮膚色 ... 341

［繡法］

○除指定外均為 2 股線

○除指定外均為緞面繡

○眼睛為除指定外，最後以法式結粒繡、捲 1 圈

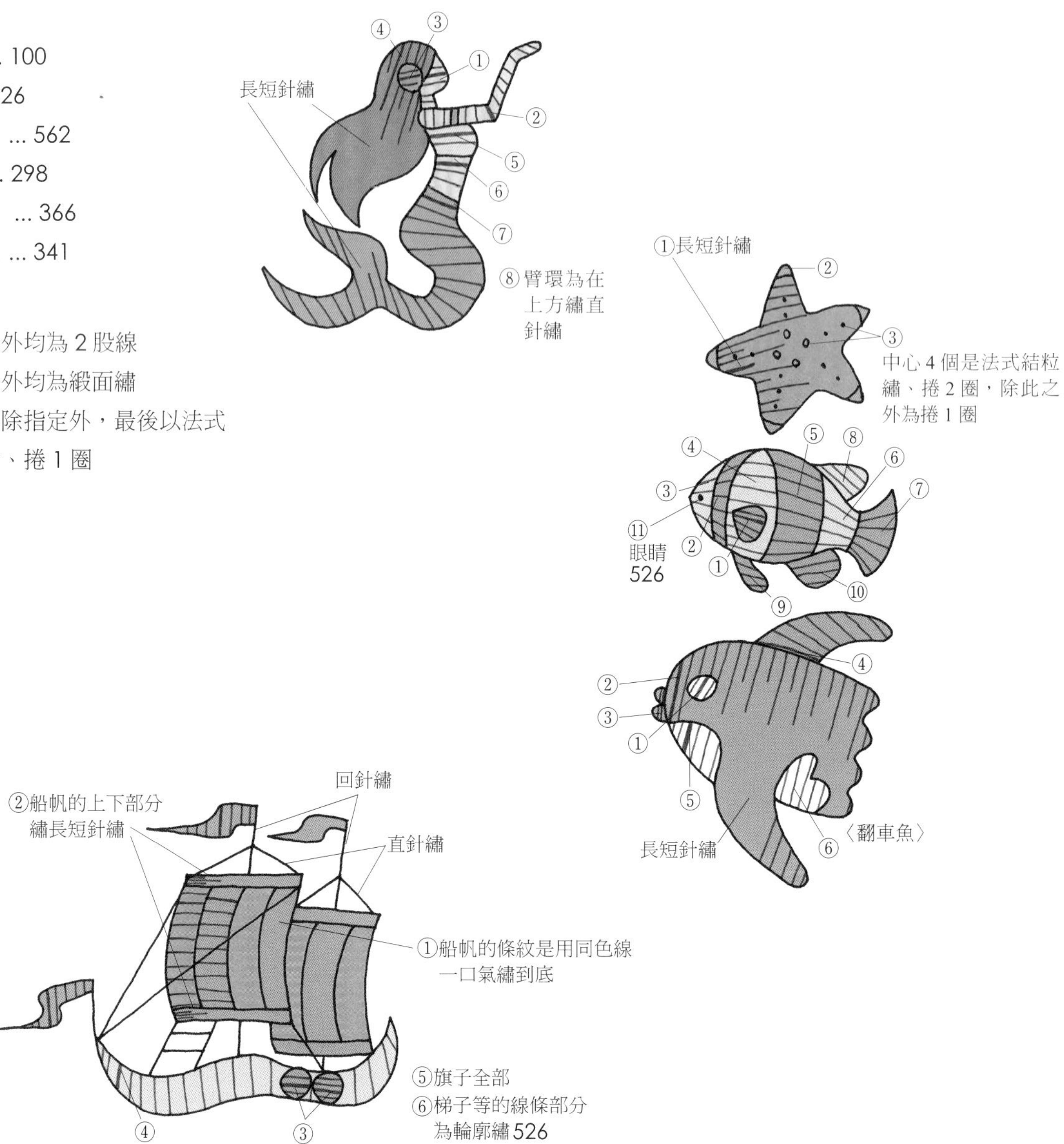

直針繡
298
③
①
①圓形全部
②輪廓繡
562
⑥526
②
④
⑤
①
②回針繡 1 股線
526
用像是繡 5 個
橢圓的感覺來繡
①
②
The Little Mermaid
⑤
輪廓繡
③
②
①
④
腳全部
①
②
③
④
③
⑤526
④
②
①
④
③
②
①
⑤
⑥526
文字是輪廓繡 526
②鎖鍊繡
①
③100
②
①

Cinderella /// 灰姑娘

photo p.37

[材料]

● 繡線

淡茶髮 ... 366

粉紅色 ... 481A

□淡水藍色 ... 410A

薄荷綠 ... 562

淡藍色 ... 2212

皮膚色 ... 341

■銀色 ... NISHIKIITO 繡線真珠色 (22)

[繡法]

○全部 2 股線

○除指定外均為緞面繡

○文字是

面　緞面繡

線　輪廓繡

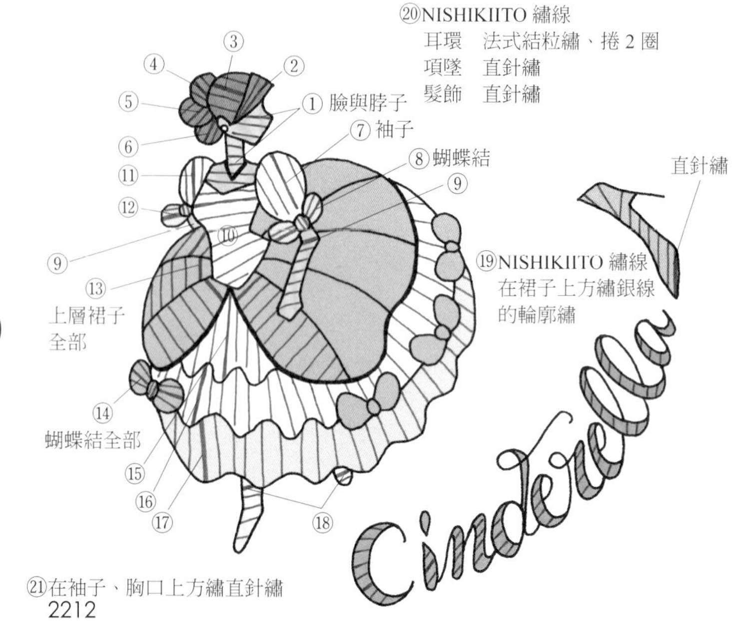

Ring Pillow /// 戒枕

photo p.41

[材料]

● 繡線

黑色 ... 895

綠色 ... 2120

■淡綠色 ... 2535

深綠色 ... 320

淡綠色 ... 2317

□黃綠色 ... 324

■粉紅色 ... 113

淡粉紅色 ... 2111

黃色 ... 298

■漸層粉紅色 ... 8004

●其他

棉花、蝴蝶結⋯ 適量

[繡法]

○用最小字體（p.21）將兩人的英文名字首字，繡在喜歡的位置。

○輪廓繡是 3 股線，除此之外均為 2 股線

○除指定外均為緞面繡

○收尾方法參考 p.95

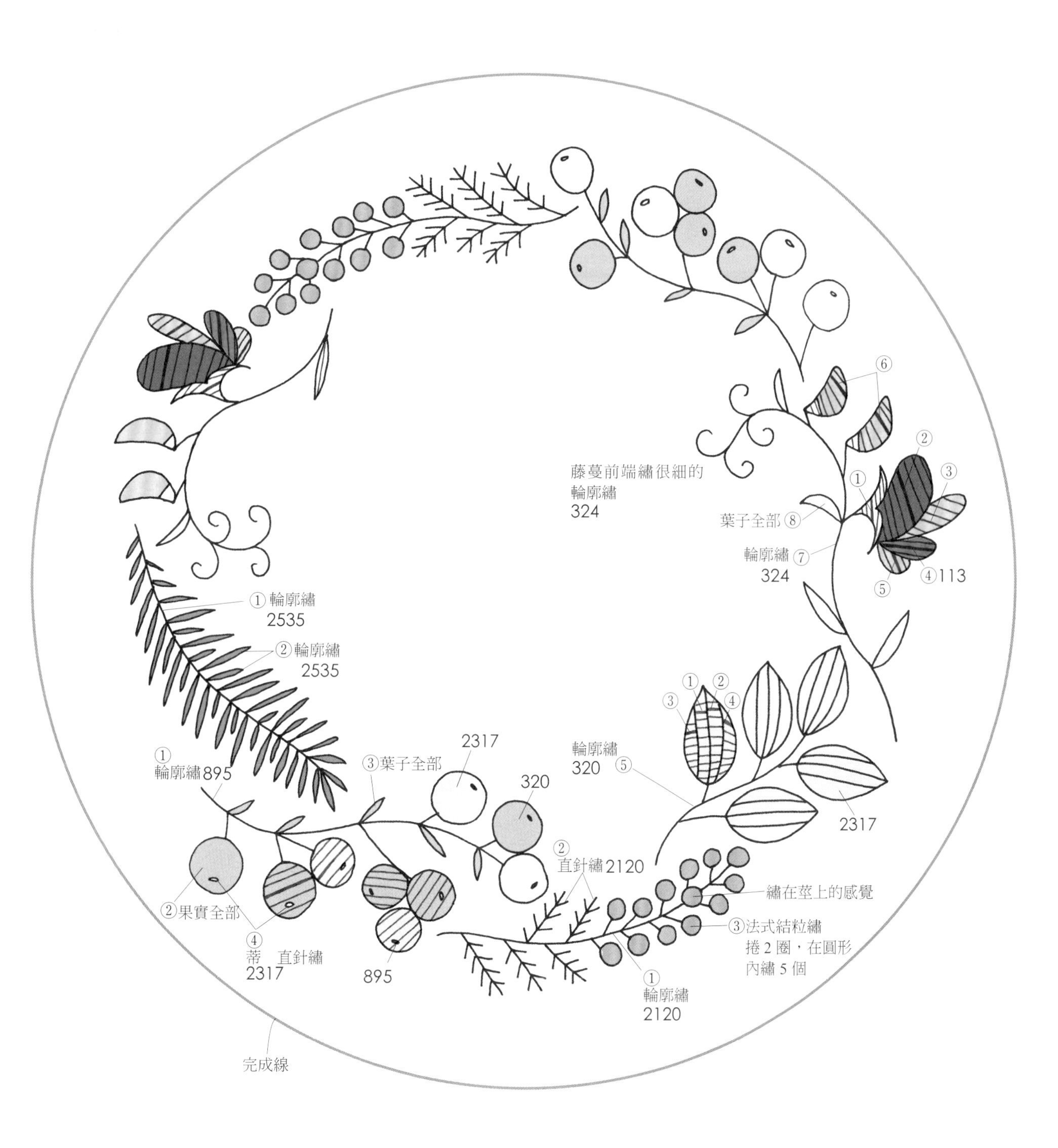

藤蔓前端繡很細的
輪廓繡
324
⑥
②
③
①
葉子全部⑧
輪廓繡⑦
324
⑤
④113
①輪廓繡
2535
②輪廓繡
2535
①
②
③
④
輪廓繡
320 ⑤
2317
①
輪廓繡895
③葉子全部
2317
320
②
直針繡2120
繡在莖上的感覺
③法式結粒繡
捲 2 圈，在圓形
內繡 5 個
②果實全部
④
蒂　直針繡
2317
895
①
輪廓繡
2120
完成線

Wedding Board /// 婚禮祝福板

photo p.40

[材料]

● 繡線

□白色 ... 100

■黃綠色 ... 269

■黑色 ... 895

■粉紅色 ... 481A

■綠色 ... 334

■米黃色（大貓頭鷹的臉）... 1000

■淡茶色（大貓頭鷹）... 366

■淡灰色（小貓頭鷹）... 151

●其他

單面黏貼板 20cm 方形

[繡法]

○除指定外均為 2 股線

○除指定外均為緞面繡

○收尾方法參考 p.95

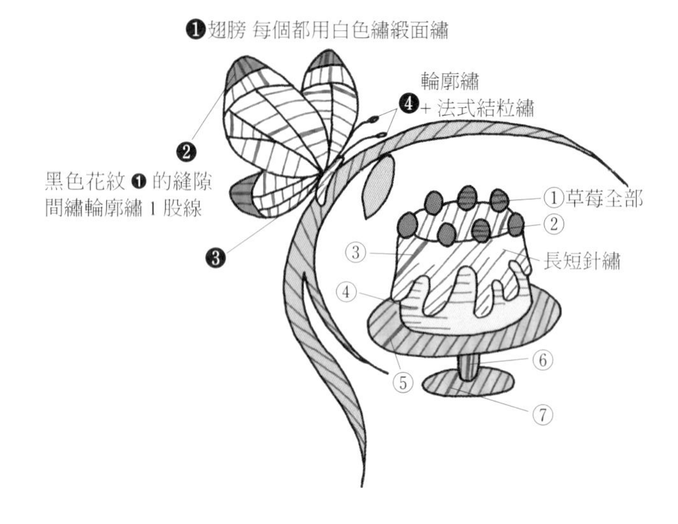

⑩眼睛 法式結粒繡、捲 1 圈895

⑪鳥喙 269

⑭眼睛 法式結粒繡、捲 2 圈 895

⑧直針繡＋法式結粒繡、捲 2 圈 895
⑨輪廓繡 334
圓形全部
③條紋是用同色線一口氣繡到底
輪廓繡
Happy Wedding
文字的面是緞面繡，線是輪廓繡
輪廓繡

Memorial Board /// 紀念板

photo p.42

[材料]

● 繡線

橙紅色 ... 834

淡粉紅色 ... 2111

碳灰色 ... 155

□白色 ... 100

黃色 ... 298

[繡法]

○除指定外均為 2 股線

○除指定外均為緞面繡

○名字的文字用喜歡的顏色來繡

○用右頁（p.91）的數字來轉印

○名字的繡法參考 p.38

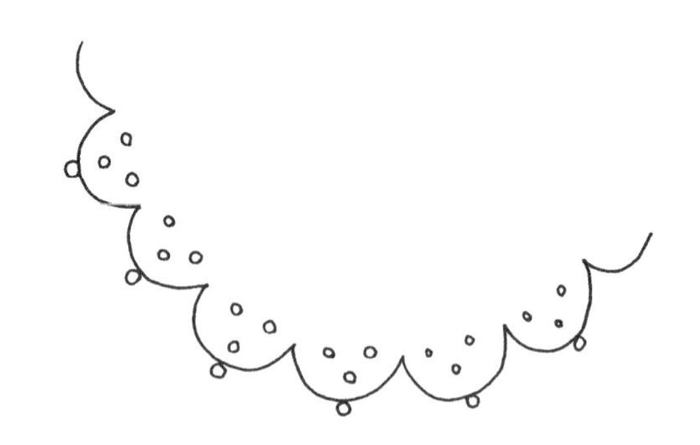

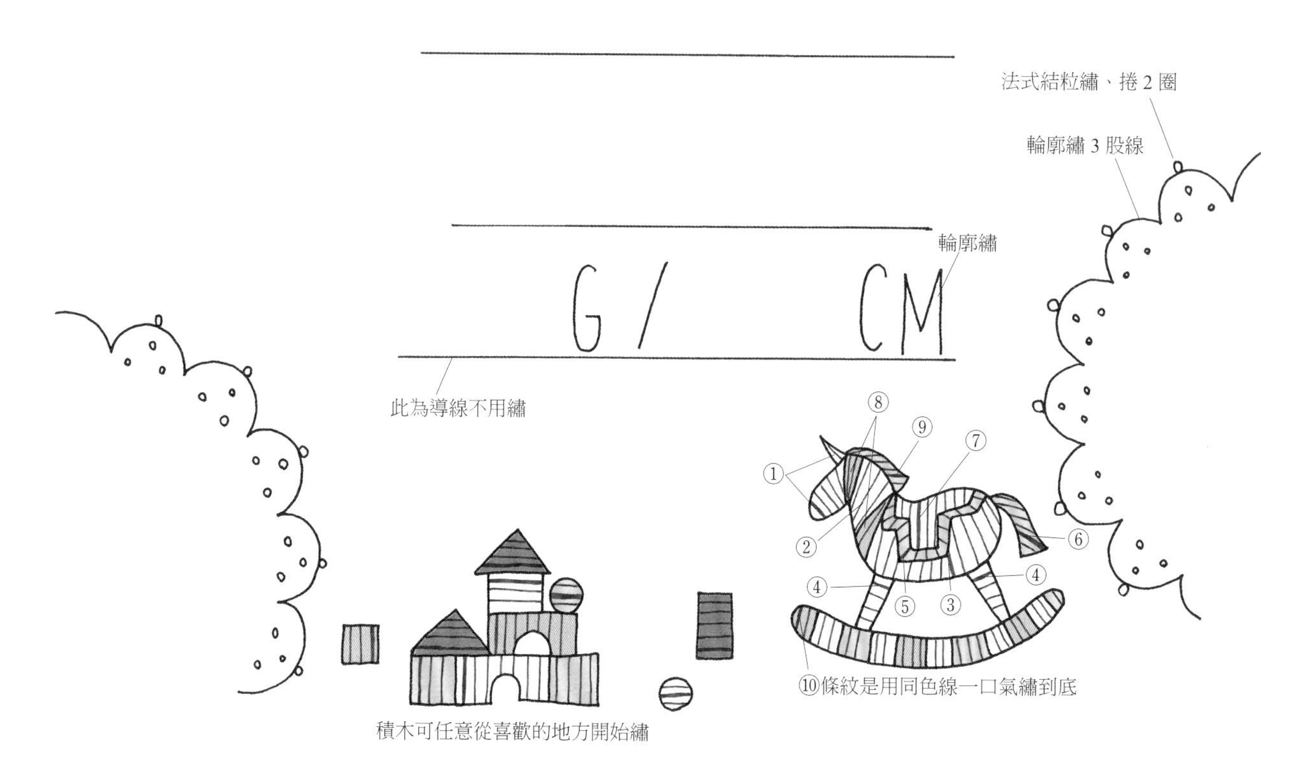

輪廓繡 155

0123456789

Thank you /// 感謝

photo p.43

[材料]

● 繡線

■碳灰色 ... 155

水藍色 ... 252

□黃色 ... 298

橙紅色 ... 834

淡綠色 ... 896

[繡法]

○文字是 3 股線，除此之外均為 2 股線

○最小字體參考 p.73

○除指定外均為緞面繡

○條紋是用同色線一口氣繡到底

○點點圖案是先繡圓形之後，再把周圍繡滿。

THANK YOU

THANK YOU

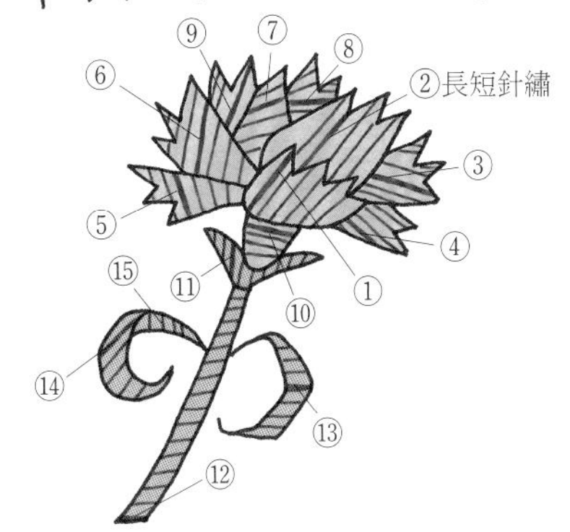

Welcome Board /// 歡迎光臨

photo p.44

[材料]

● 繡線

黑色 ... 600

黃色 ... 820

[繡法]

○除指定外均為 2 股線

○除指定外均為緞面繡

○文字均為 600

Hello !

輪廓繡 1 股線

WELCOME

回針繡

HALLO ZUSAMMEN

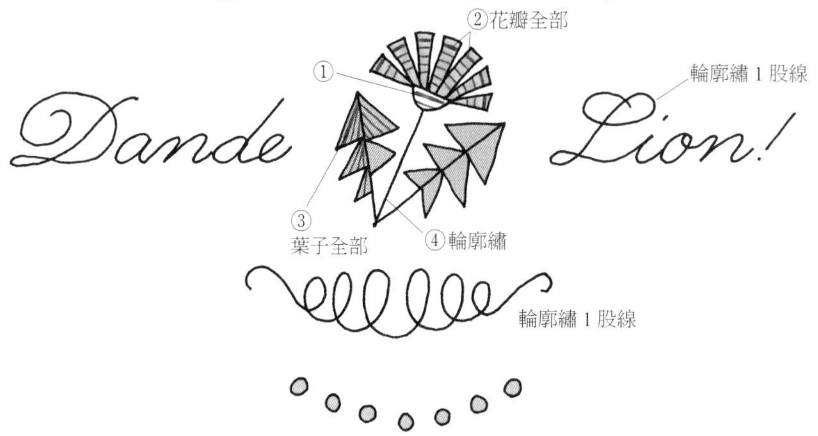

Happy New Year /// 新年快樂

photo p.45

[材料]

● 繡線

■深茶色 ... 477

▩淡綠色 ... 896

□白色 ... 100

淡灰色 ... 472

▩粉紅色 ... 2222

[繡法]

○除指定外均為 2 股線
○除指定外均為緞面繡
○文字為 477
面　緞面繡
線　輪廓繡
○大致的繡法順序
①花、花蕾、樹鶯
②樹木

收尾方法

▲ 吊牌標籤（p.69）

1. 在約15cm×15cm的布片上刺繡後剪下來，須剪得比標籤的完成尺寸稍大一點。

2. 準備一片與1剪下的布同樣尺寸的不織布，用黏著劑固定在1後。

3. 黏著劑乾後，依標籤的實際形狀剪下。穿入6股繡線做為掛繩。

photo p.04

▲ 卡片（p.54_55）

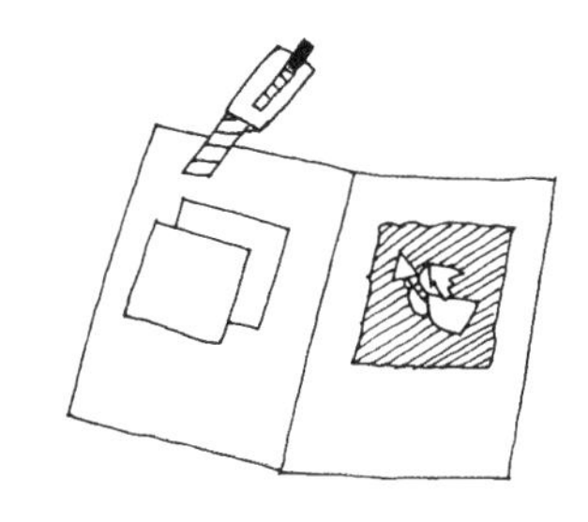

市售卡片（或是將圖畫紙剪下適當的尺寸後對摺）的左邊用美工刀開一道窗。在闔起來時可剛好看到刺繡的位置處，貼上已刺繡完成的布片。

photo p.06

▲ 戒枕（p.86）

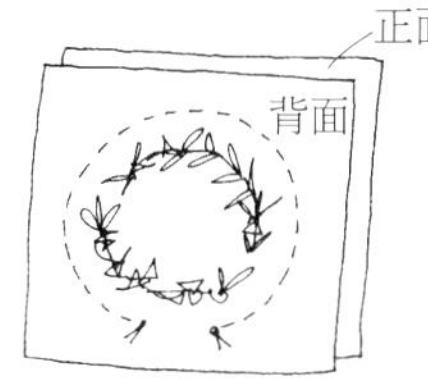

1. 準備大一點的布片來刺繡。刺繡的外側（直徑約17cm）預留一段返口後縫合固定，再由返口翻回正面。

2. 塞入棉花後，返口縫合，正中央範圍選兩處與背面的布一起縫個幾針固定住，做出凹陷。最後縫上蝴蝶結。

photo p.41

▲ 婚禮祝福板（p.88_89）

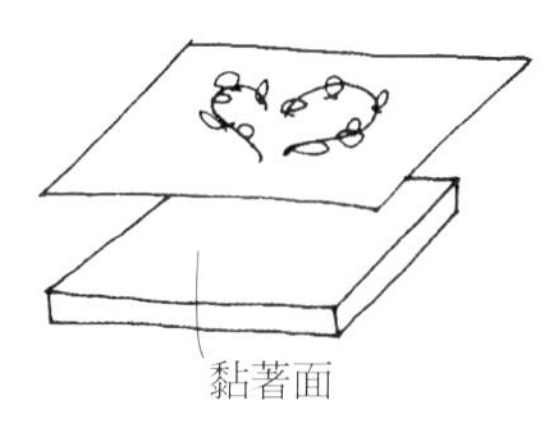

1. 在20cm見方的單面黏著板黏著面上，貼上刺繡布。

2. 翻面，手拉布料用釘書機釘起來，過程中小心不要產生皺褶。

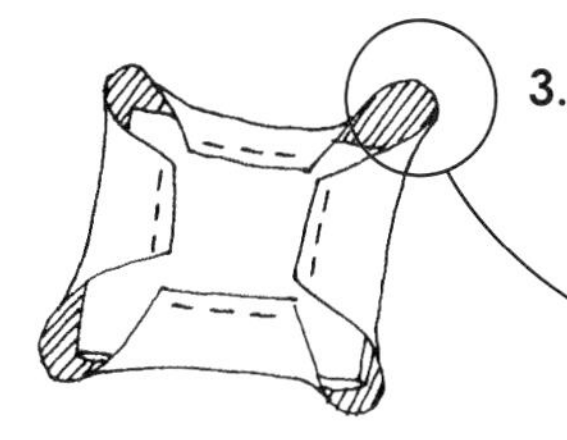

3. 將側面全部釘完後，四個角也仔細地摺好再釘起來。

photo p.40